마스터
생성 AI

마스터 생성AI

저자 **이지원**

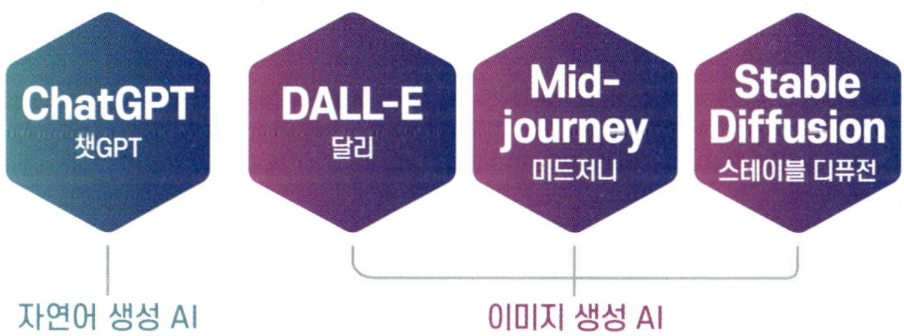

태학원

Contents

3장 ChatGPT란 무엇입니까?

4장 DALL-E란 무엇입니까?

Contents

7장 생성 AI가 결합을 한다면?

Contents

8장 생성 AI 결합의 실제 예시 및 실습 - 가상 인테리어 디자인 컨설팅 솔루션

9장 생성 AI의 미래는 어떻게 될까?

10장 프롬프트! 프롬프트 엔지니어!에 대하여

들어가며

전 세계가 ChatGPT 열풍이라고 요즘 뉴스에서의 가장 뜨거운 이슈입니다. 미국 사법 시험도 상위권으로 패스하고, 의사 고시도 패스하는 ChatGPT의 놀라운 기능들은 놀라움과 동시에 인간의 능력을 쉽게 뛰어넘기에 두려움도 가져다주기도 합니다. 얼마 전엔 생성 AI로 그린 그림이 대회에서 1등의 명예를 안았다는 것이 큰 이슈가 되기도 하였습니다. 나보다 뛰어난 사람이 나의 자리를 빼앗을 것이라는 막연한 두려움이 사람과의 경쟁이 아닌 기계에게서 느낄 수 있을 만큼 생성 AI는 인간이 낼 수 있는 결과물과 매우 유사한 결과물을 만들어 내고 있습니다. 어떨 땐 더 나은 결과물을 만들어 내기도 합니다. 이미 생성 AI 시대는 오픈 되었습니다. 되돌릴 수 없는 시간을 가고 있는 이 시점에서, 우리는 이 놀라운 생성 AI를 인류에게 유익할 수 있는 방안으로 활용할 수 있는 방법을 빨리 모색해야 합니다. 궁극적으로 우리를 위해서, 생성 AI 기술을 사용하여야 합니다. 맹목적인 믿음을 가져서도 안 될 것이며, 어디까지나 도구로써, 인간이 활용할 수 있는 기술로써 잘 사용되길 바랍니다.

이 책은 무엇을 다루는가?

이 책은 생성 AI의 다양한 모델 및 기술에 대한 간략한 설명과 함께 이해하기 쉬운 실제 예들로 이루어져 있습니다. 이 책을 통해 생성 인공지능이 가지고 있는 잠재력과 가능성에 대한 이해를 높이고, 실제로 적용을 할 수 있는 방안을 살펴볼 것입니다.

첫 번째 장에서는 생성 AI에 대한 개념과 모델의 종류, 그리고 생성 AI 모델이 하는 일에 대해 다룹니다. 이를 통해 생성 AI가 어떤 분야에서 사용되는지와 어떻게 작동하는지에 대한 기본적인 이해를 할 수 있을 것입니다.

두 번째 장에서는 프롬프트 엔지니어링에 대해 다룹니다. 프롬프트 엔지니어링은 생성 AI 모델을 사용할 때 매우 중요한 역할을 합니다. 이 장에서는 프롬프트 엔지니어링의 역할과 중요성, 효과적인 프롬프트 작성 방법 및 전략에 대해 설명합니다.

세 번째 장에서는 GPT 시리즈 중 하나인 ChatGPT에 대해 다룹니다. ChatGPT는 대화형 인공지능 모델로, 자연어 처리를 기반으로 챗봇 등 다양한 응용 분야에서 사용됩니다. 이 장에서는 ChatGPT의 작동 원리와 실제 사례에 대해 살펴볼 것입니다.

네 번째 장에서는 DALL-E에 대해 다룹니다. DALL-E는 OpenAI에서 개발한 인공지능 모델로, 텍스트를 기반으로 이미지를 생성하는 기술입니다. 이 장에서는 DALL-E의 작동 원리와 실제 사례를 살펴볼 것입니다.

다섯 번째 장에서는 Midjourney에 대해 다룹니다. Midjourney는 이미지 생성 및 자연어 처리 기술을 포함한 다양한 기술을 가지고 있으며, 현실적 이미지 생성 등 다양한 분야에서 사용됩니다.

여섯 번째 장에서는 Stable Diffusion에 대해 다룹니다. Stable Diffusion은 이미지 생성 및 텍스트-이미지 합성 기술을 사용하는 인공지능 모델로, 추상적이거나 사실적인 이미지를 생성하는 데 사용됩니다.

일곱 번째 장에서는 생성 AI 모델들 간의 결합에 대해 다룹니다. 예를 들어, ChatGPT와 Midjourney, ChatGPT와 DALL-E, 그리고 Midjourney와 DALL-E, Stable Diffusion과 같은 다양한 생성 AI 모델들이 결합될 수 있으며, 어떻게 결합될 수 있는지 살펴볼 것입니다. 이를 통해 생성 AI 모델들 간의 결합과 도메인과의 결합으로 새로운 응용 분야 개척 및 혁신을 어떻게 이끌어 낼 수 있는지 생각해 볼 것입니다.

여덟 번째 장에서는 생성 AI 기술의 결합의 실제 예시 사례를 '가상 인테리어 디자인 컨설팅'을 주제로 OpenAI의 API를 활용하여 자동화 방법과 코드를 작성하는 방법으로 직접 설계해 보도록 할 것입니다.

아홉 번째 장에서는 생성 AI 기술의 미래와 전망에 대해 다룹니다. 인공지능이 더욱 발전하면서, 멀티 모달 AI 모델, 인공지능이 만든 가상 세계, 메타버스의 생성 AI, 인공지능이 지원하는 창의성 등이 가능해질 것으로 예상됩니다. 이러한 발전과 함께 AI 윤리 및 규정, AI 기술의 민주화, 에지(Edge) AI 및 실시간 생성 AI 애플리케이션 등에 대한 생각을 나누어 볼 것입니다.

열 번째 장에서는 인공지능에서 프롬프트 엔지니어의 역할과 중요성, 프롬프트 엔지니어링에 대해 다루고 있습니다. 프롬프트는 생성 인공지능 모델에서 매우 중요한 역할을 합니다.

마지막 장에서는 AI로 움직이는 세상에 대비하기 위해 생각해 봐야 하는 이슈들과 AI를 활용할 수 있는 영역을 간략하게 살펴보도록 하겠습니다.

알아두기

- 현재 ChatGPT 같은 경우 프롬프트를 영어로 작성할 경우 더 정확한 정보가 나오고, 나머지 이미지 생성 AI의 경우는 영어 프롬프트로 처리가 되고 있기 때문에 프롬프트 작성은 영어를 기본으로 하였습니다. 영어 프롬프트는 구글 번역기를 이용하여 직역한 그대로 첨부하였습니다. 좀 더 이해가 쉽게 의역을 할까도 고민했지만, 프롬프트 작성 시 직접적인 단어를 사용하는 것이 더 나은 결과가 나오는 것으로 보이고 직관적으로 이해하실 수 있도록 의역하지 않은 그대로의 번역을 올렸습니다. 읽으시다가 다소 불편하시더라도 저자의 의도를 이해해 주시면 감사하겠습니다.

- 예제 프롬프트는 추상적인 것, 사실적인 것, 실생활에 활용 가능한 것, 범위가 좁은 것, 광범위한 내용의 것 등 다양하게 구성하려고 하였습니다. 참고하여 원하는 결과물을 얻기 위해서는 어떻게 프롬프트를 작성해야 하는지 참고하시면 좋겠습니다.

이 책은 누구를 위한 책인가?

이 책은 AI 분야에 대한 지식을 가지고 있지 않은 일반인, 비전공자부터 전문가까지 모든 분들을 위해 쓴 책이지만, 최대한 전문적인 내용을 쉽게 풀어 내고 간략하게 서술하려고 노력하였습니다.

이 책은 AI 분야에 대한 입문서로서, 기초적인 개념부터 최신 기술까지 포괄적으로 다루고 있습니다. 따라서, AI를 처음 접하시는 분들은 이 책을 통해 AI 분야 전반에 대한 이해를 할 수 있을 것입니다.

또한, 생성 AI 분야에 대해 이미 알고 계신 분들에게도 이 책이 유용하길 바랍니다. 이 책은 최신 기술과 응용 사례, 그리고 이를 활용하는 방법까지 다양하게 내용을 다루었습니다. 따라서, 전문가분들은 이 책을 통해 최신 동향을 파악하고, 인공지능 분야에서의 경쟁력을 높일 수 있는 인사이트를 발견하기를 바랍니다.

실제로 작동 가능한 생성 AI의 응용 사례를 다루려고 하였습니다. 이 책에서 다루는 생성 인공지능 기술은 대화형 AI, 디자인, 의료, 교육 등 다양한 분야에서 응용될 수 있습니다. 이러한 응용 분야에서 어떻게 생성 AI 기술을 활용할 수 있는지 살펴봄으로써 응용 사례를 참고하고자 하는 분들에게도 도움이 되길 바랍니다.

마지막으로 이 책은 생성 AI 기술을 사용하는 모든 분들에게, 인류가 생성 AI와 함께 더 나은 삶으로 나아가기 위한 방안을 잘 모색하길 바라는 마음을 담았습니다.

프롤로그

생성 AI에 관한 이 책의 마지막에 다다르면서, 많은 감정이 교차합니다. 우선 저는 이 기술이 앞으로의 세상을 예상치 못한 방식으로 변화시킬 수 있는 잠재력과 그 가능성에 대한 경외감, 놀라움으로 가득 차 있습니다. 새로운 기술을 개발하고 적용할 수 있는 방법을 매일 연구해 온 저는 그동안의 연구물들을 세상에 내놓을 수 있을 것 같아서 요즘 1초가 하루 같이 느껴지고, 시간이 너무 소중하게 느껴집니다.

저는 지난 15년간 디지털 솔루션으로 전문성을 전환하는 방법, 지금으로 말하면 디지털 트렌스포메이션이라고 할 수 있습니다. 즉 기술이 그릇이라면, 안에 어떤 내용물을 그릇에 잘 담기게 할 수 있는지, 기술을 도구로 전문적인 영역을 어떻게 안착할 수 있게 하는지에 대하여 연구해 왔습니다. 늘 앞선 기술을 개발했고, 앞선 생각 때문에 사실 외면받은 부분과 이해해 받지 못하는 부분에 있어서 마음 한 켠에는 상처가 되기도 했습니다. 그러나 지금의 시대에는 많은 분들이 새로운 기술을 편안하게 받아들이고, 새로운 영역에 무한한 호기심과 관심을 주시기 때문에 그동안의 것들을 펼칠 수 있을 것 같아서 너무 행복합니다.

이 책을 쓰는 동안, 저는 AI의 세계를 더 많은 청중들이 잘 접근할 수 있어야 한다는 간절한 마음이 있었습니다. 인공지능이라고 하면 오랫동안 공상 과학 소설과 미래에 대한 디스토피아적 비전과 연관되어 왔지만, 저는 단 한 번도 그렇게 생각해 본 적이 없습니다. 인공지능은 창의성과 혁신의 새로운 영역을 열고 많은 영역에서 다양한 방법으로 도움을 줄 수 있는 기술로서의 잠재력이 있다고 생각하기 때문입니다. AI 안에 어떤 내용을 담을 것인지가 중요합니다.

저는 이왕이면 그래도 세상에 조금이라도 도움이 되는 사람이 되고 싶은 마음이 있습니다. 그런 방법을 찾고자 많은 생각을 했고, 이런저런 경험들도 해 보았습니다. 아직 다 깨달은 답은 아니지만 세상에 도움이 되기 위해 어떠한 목표나 목적을 세우는 것보다는 어떠한 저의 작은 실천을 통해 누군가에게 경험을 전달할 수 있게 한다면, 이 또한 괜찮은 방법이라고 생각합니다. 그래서 그동안의 저의 경험과 기술을 통해, 그리고 AI를 통해 많은 사람들이 전통적인 장벽을 허물고 새로운 창조의 과정에 참여할 수 있는 장을 만들어 보고 싶습니다. 많은 사람들이 세상에 이로운 내용을 많이 담을 수 있도록 하고 싶습니다.

저는 맞춤형 디지털 솔루션을 오랫동안 연구해 왔습니다. 학부 전공과 전혀 다른 디자인으로 그중에서 2000년대 중반의 기술에서 디지털 전환이 가능해 보였던 영역인 주얼리 디자인을 석사로, 그리고 디자인학을 박사로 받았습니다. 물론 저의 모든 논문은 디지털 트랜스포메이션 기술 개발과 플랫폼 모델에 관한 내용입니다. 제가 경영학과나 컴퓨터 공학이 아닌 디자인 영역에서 이러한 내용을 공부한 이유는 궁극적으로 기술을 이끄는 힘은 도메인 지식에 있다고 생각하기 때문입니다. 그 산업에 대한 정통한 전문가, 그러면서 컴퓨터 지식과 관련해서 연결할 수 있는 전문가가 기술 분야를 제대로 체계적이지만 인간에 대한 공감에서 비롯된 창의력으로 이끌어 나가야지 본질적으로 사회에 도움이 될 수 있다고 생각하기 때문입니다. 디자인 분야에서 있었기 때문에 저는 제가 연구하는 기술과 인간의 창의성 그리고 기술 복제 시대에서의 유일함 그와 연관되는 저작권과 관련된 여러 고민들을 해 왔었습니다.

저의 그동안의 식견으로, 생성 AI는 기술의 민주화, 새로운 창의력의 시대, 새로운 저작권의 시대를 만들 수 있을 거라고 생각합니다. AI를 통한 기술의 민주화가 실현된다면 개발자를 비롯하여 디자이너 및 전문직의 역할도 달라질 수 있을 것입니다. 저는 기술의 민주화가 잘 이루어질 수 있는 길에 서려고 합니다. 왜냐하면 내 것을 지키는 사람보다 내 것을 잘 활용해서 새로운 것을 만드는 것이 저에게는 더 흥미롭기도 하고, 그렇게 하는 것이 세상에 제가 조금이라도 더 이로운 사람이 될 수 있을 것이라 생각하기 때문입니다. 모든 것은 어떤 방향으로 어떻게 이끌고 가느냐가 더 중요하다고 생각합니다. 제 삶을 늘 이끌었던 연암 박지원 선생의 '법고창신'의 힘을 생성 AI 시대에서 부디 잘 쓰일 수 있길 바랍니다.

더불어 생성 AI는 만능도 아니며, 절대적으로 중요하고 옳은 것이 아니라고 생각합니다. 따라서 이 기술을 사용하는 인간으로서 사회적, 문화적 책임감을 항상 가져야 하며, 사회가 필요하고 효율적일 수 있는 방향으로 견인될 수 있도록 모든 생성 AI를 사용하는 이들이 노력해 주었으면 합니다.

설레는 마음으로, 그리고 무한한 호기심과 상상력으로 이 흥미로운 분야를 탐구하고, 여러분들과 긍정적인 변화를 이끌 수 있도록 다양한 방법으로 다가가겠습니다. 이 여정에 함께해 주시길 바라는 마음이며, 모두 편안하고 행복하시길 기원합니다.

감사의 글

대학교 교재를 전문으로 하는 태학원에서 저의 책을 출판해 주셔서 감사드립니다. 몇 년 전 태학원에서의 첫 출판 이후 다시 이렇게 좋은 기회로 출판을 하게 되어 기쁘고 매우 감사하게 생각합니다.
그리고 제 책을 선택하고 읽어 주시는 독자분들께도 감사드립니다.
아울러 염치없이 필요할 때만 찾는 제자이지만 항상 흔쾌히 맞아 주시는 나건 지도 교수님께도 늘 존경과 감사의 마음을 전합니다.

책을 집필하면서, 두 남자가 참 힘이 많이 되었습니다. 한 사람은 언제 다 쓰는지 하루에도 여러 번 물어보지만 언제나 최고다라며 응원해 주는 저의 소중한 짝꿍 오너와, 그리고 혹여나 엄마가 열심히 안 할까 봐 잠 오는 눈 억지로 떠가며 책상 앞에서 밤마다 감시해 준 저의 소중한 강아지 러키, 참 많이 힘이 되었습니다. 저에 대한 무한한 사랑과 믿음을 주어 너무나 감사하게 생각합니다. 아마 제 책이 출판되면 저의 짝꿍이 너무나 기뻐할 것을 알기에 이왕이면 더 멋있게 보이고 싶기도 해서 좀 더 잘 쓸려고 했는데, 부족한 부분이 많은 것 같습니다. 부족한 부분은 Promptwith.com을 통해 앞으로 더 보충하고 메꿔 나가며, 궁극적으로 생성형 AI가 우리의 삶에 도움이 될 수 있는 방향으로 사용될 수 있도록 노력할 것입니다.

그리고 항상 응원해 주고 도와주며, 책의 오타와 점검을 함께 봐준 소중한 동생 채영이에게도 고마운 마음을 전합니다.
마지막으로 저를 있게 해 주신 부모님께서도 기뻐해 주시고 응원해 주실 거라 생각하며, 저를 이 모습 그대로 존재하게 한 모든 이들에게 감사함을 전하고 싶습니다.

추천사

생성 AI의 혁신과 미래 그리고 디자인

초연결, 초지능, 그리고 초산업으로 요약되는 제4차 산업혁명은 2016년 1월 다보스 포럼에서 처음으로 언급되었습니다. 그 이후 강산이 한 번도 변하기 전에 전문가들의 예측보다 훨씬 빠른 속도로 도약하는 초지능의 대명사인 AI의 발전은 가히 놀라울 지경입니다. 이제 모든 사람들은 AI, 특히 생성 AI와 친해져야 한다고 생각합니다. 생성 AI와 친할수록 미래를 새롭게 열어 나갈 수 있는 기회가 있기 때문입니다.

이지원 박사의 이 책은 생성 AI의 기술과 그 가능성을 조명한 책으로서 누구나 생성 AI와 친해질 수 있는 전문적인 안내인과 같다고 생각합니다. 친절하면서도 전문적인 안내인 없이 모르는 길을 가는 것처럼 무모한 일은 없을 것입니다.

본서는 최근의 생성 AI 모델인 ChatGPT, DALL-E, Midjourney, 그리고 Stable Diffusion에 대한 연구와 함께, 생성 AI 모델 기술의 본질과 활용 방안 그리고 나아가서 결합 모델의 가능성과 실제 사용 방법을 실질적으로 제공하고 있습니다. 특히, 가상 인테리어 디자인 컨설팅 서비스 솔루션의 실제 사례는 ChatGPT와 DALL-E 결합을 통해 멀티 생성 AI 모델의 창의적인 활용 방안과 AI가 가야 하는 방향을 제시합니다. 또한 이 책은 생성 AI의 미래 지향적인 비전에 대한 논의를 제공함으로써 인공지능 기술의 지속적 발전이 산업과 사회에 미치는 영향을 탐색하고 인간 중심적인 접근법을 통해 인공지능의 사용 전략과 제도가 마련되어야 함을 얘기하고 있습니다.

결론적으로, 이지원 박사의 저서는 AI에 관심이 있는 광범위한 독자들뿐만 아니라 생성 AI를 실제적으로 활용할 수 있는 디자인 분야의 전문가들은 물론, 기술, 디자인, 비즈니스의 모든 영역을 아우를 수 있는 부분에서 통찰과 영감을 선사하고 더 나아가 미래의 비즈니스를 새롭게 열어주는 장이 될 것임을 확신합니다.

미래에 관심 있는 모든 분들에게 일독을 권합니다.

2023년 4월 19일

나 건

홍익대학교 국제디자인전문대학원 교수

1장

생성 AI는 무엇입니까?

< 1장 >

생성 AI는 무엇입니까?

1.1. 생성 AI란?

생성 인공지능(AI)은 새로운 데이터를 생성할 수 있는 모델 개발에 집중하는 AI의 하위 분야입니다. 생성 AI 모델은 기존 데이터에서 패턴을 학습하고 이를 사용하여 새로운 원본 데이터 샘플을 만듭니다. 생성이라는 단어에서 알 수 있다시피 새로운 데이터를 생성해 내는 인공지능이라고 할 수 있습니다.
생성 모델은 인식 작업에 주로 중점을 둔 전통적인 AI 모델 대신, 학습된 패턴을 기반으로 새로운 데이터를 생성하도록 훈련됩니다.

생성 모델은 이미지 및 비디오 합성, 자연어 처리, 음악 구성 및 코드 생성을 포함한 광범위한 영역에서 데이터를 생산할 수 있습니다. 예를 들어, 생성 모델은 새로운 광고 이미지를 생성해 내거나, 새로운 의류, 상품을 디자인하고, 음악의 멜로디를 생성해 내는 등 다양한 영역에서 아주 빠르게 결과물을 생성해 낼 수 있습니다.

생성 모델은 복잡한 데이터 세트를 탐색하고 분석하는 데도 사용됩니다. 기존의 분석 방법으로는 드러나지 않을 수도 있는 데이터의 숨겨진 패턴과 추세를 파악하는 데 도움이 될 수 있습니다. 예를 들면, 의료, 금융 및 마케팅과 같은 다양한 영역에서 유용할 수 있습니다. 또한 대규모의 데이터를 분석, 분류하는 작업도 매우 빠르게 할 수 있으므로, 그동안 시간 소비가 많았던 반복 작업 업무들의 효율성이 그 어떤 것과 비교할 수 없을 만큼 향상될 것입니다.

1.2. 생성 AI 모델의 종류는?

생성 모델은 1960년대부터 존재해 왔습니다. 초기 모델은 숨겨진 **마르코프 모델**(Hidden Markov Models)[1] 및 **베이지안 네트워크**(Bayesian Networks)[2]와 같은 통계적 접근 방식을 기반으로 했습니다. 하지만 이러한 모델은 사실적인 이미지나 텍스트를 생성하는 데 한계가 있었습니다.

최근 몇 년 동안 딥 러닝의 발전은 생성 인공지능 분야에 혁명을 일으켰습니다. 딥 러닝 모델, 특히 신경망은 생성 모델이 고품질의 사실적인 이미지와 텍스트를 생성할 수 있도록 했습니다.

현재, 다양한 유형의 생성 모델을 사용할 수 있으며, 각각 고유한 강점과 약점이 있습니다. 가장 인기 있는 모델로는 ChatGPT, DALL-E, Midjourney, Stable Diffusion 등이 있습니다. 이러한 모델은 다양한 응용 분야에서 널리 사용되며 최근 몇 년 동안 급속도로 성장하고 있습니다.

생성 AI 분야는 매우 빠르게 진화하고 있으며, 새로운 모델과 기술이 하루가 다르게 개발되고 있습니다. 지금 현재로선 가장 혁신적으로 비즈니스의 판을 바꿀 수 있는 많은 기회를 제공하는 흥미롭고 역동적인 분야라 생각됩니다.

ChatGPT는 요즘의 가장 핫이슈이며, 가장 인기 있는 인공지능 모델이고 아마 가장 많은 사람들이 알고 있는 모델일 것입니다. 이 모델은 챗봇, 언어 번역 및 텍스트 생성을 포함한 광범위한 응용 솔루션에 사용될 수 있습니다. 예를 들어, ChatGPT로 구동되는 챗봇은 사용자 입력에 대화 방식으로 응답할 수 있고, 언어 번역 시스템은 모델을 사용하여 한 언어에서 다른 언어로 텍스트를 번역할 수 있습니다.

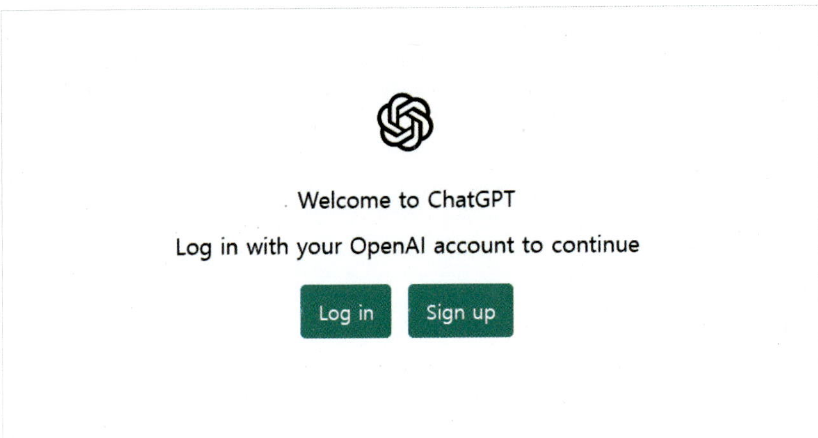

<ChatGPT 메인 화면>

또 다른 인기 있는 생성 모델은 이미지 합성 및 조작에 사용되는 DALL-E입니다. DALL-E는 텍스트 설명에서 사실적인 이미지를 생성할 수 있을 뿐만 아니라 기존 이미지를 편집하여 개체를 추가 또는 제거하거나 모양을 변경할 수 있습니다.

Midjourney는 텍스트에서 이미지 합성에 사용할 수 있는 생성 AI 모델입니다. Midjourney는 텍스트 설명에서 고품질 이미지를 생성할 수 있으며, 이는 패션 디자인 및 부동산 시각화, 광고, 그래픽 디자인 등을 포함한 다양한 응용 분야에서 유용합니다.

Stable Diffusion은 어떤 텍스트 입력이 주어져도 사실적인 이미지를 생성할 수 있는 텍스트-이미지 확산 모델입니다. 이 역시 Midjourney와 DALL-E와 같이 다양한 응용 분야에서 활용이 가능할 것입니다.

<DALL-E 메인 화면>

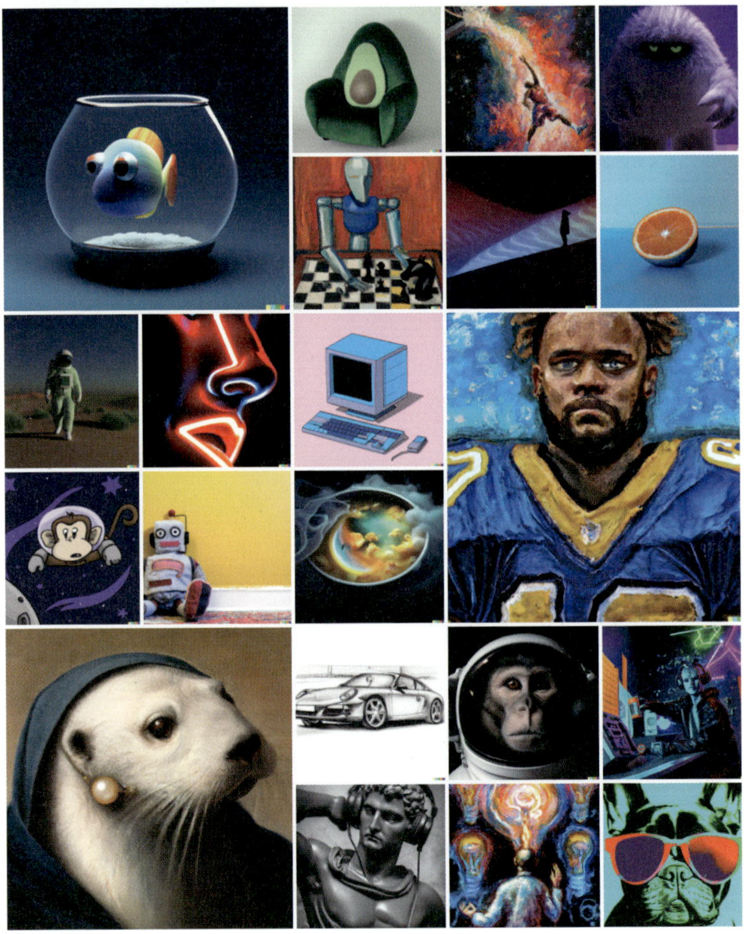

<DALL-E 갤러리>

<Midjourney 메인 화면>

<Midjourney 갤러리>

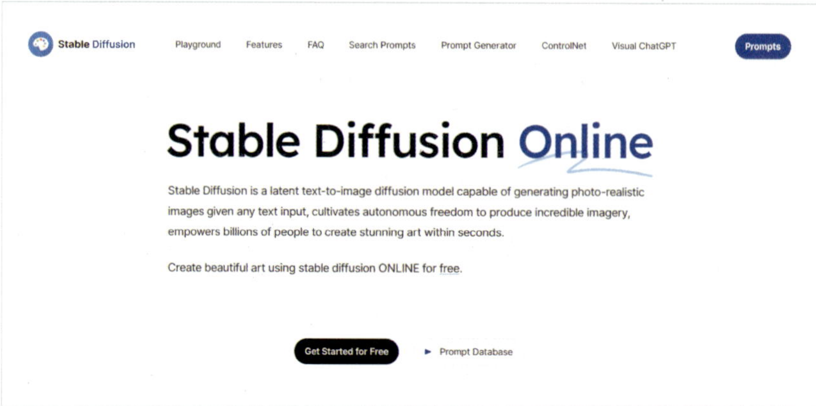

<Stable Diffusion 메인 화면>

<Stable Diffusion 갤러리>

1.3. 생성 AI가 하는 일은?

생성 AI 모델의 몇 가지 실제 사례를 살펴봄으로써 어떻게 생성 AI를 사용할 수 있는지 대략적으로 살펴보도록 하겠습니다. 이를 통해 생성 AI 모델이 어떻게 디지털 비즈니스의 혁신을 주도할 수 있고 여러 솔루션을 제시할 수 있는 가능성을 확인해 볼 수 있을 것입니다.

자연어 처리

생성 AI의 실제 사례 중 하나는 자연어 처리(Natural Language Processing, NLP)입니다. 자연어 처리는 인간의 언어를 이해하고 해석하고 생성할 수 있는 AI 모델을 개발하는 것을 말합니다. 자연어 처리 모델을 통해 챗봇, 언어 번역 및 텍스트 요약을 포함한 광범위한 솔루션을 만들 수 있습니다.

예를 들어, OpenAI가 개발한 GPT-4(Generative Pre-trained Transformer 4) 모델은 현재로서 가장 진보된 자연어 처리 모델입니다. GPT-4는 인간과 같은 텍스트를 생성하고, 질문에 답하며, 심지어 기사와 이야기를 쓸 수 있습니다. 이 모델은 우리가 언어와 상호 작용하는 방식에 혁명을 일으킬 수 있는 잠재력을 가지고 있으며 교육, 의료 및 금융뿐만 아니라 거의 전반적인 모든 산업 영역에서 수많은 응용 솔루션을 만들 수 있을 거라 생각합니다.

이미지 합성 및 조작

생성 AI의 또 다른 실용적인 예는 이미지 합성과 조작 기능입니다. 생성 AI 모델을 사용하여 새 이미지를 생성하거나 개체의 색상이나 질감을 변경하거나 이미지에 새 개체를 추가하는 등 다양한 방법으로 기존 이미지를 조작하거나 변경할 수 있습니다.

예를 들어, OpenAI가 개발한 DALL-E 모델은 텍스트 설명에서 이미지를 생성할 수 있습니다. 이 모델은 꽃잎으로 피부가 이루어진 공룡같이 실제 세상에 존재하지 않는 물체를 포함하여 광범위한 이미지를 생성할 수 있습니다. 이를 통해 DALL-E는 광고, 디자인 및 엔터테인먼트와 같은 산업 분야에서 수많은 솔루션을 제공할 수 있습니다.

<이미지 합성 조작 예: 꽃잎으로 피부가 이루어진 공룡>

이미지 대 이미지 변환, 텍스트 대 이미지 생성

생성 AI 모델을 이용하여 이미지 대 이미지 변환, 텍스트 대 이미지 변환과 같은 교차 방식의 생성 모델을 구성할 수 있는데 이 방식을 통해 또 다른 요소의 조합으로 다양한 솔루션을 만들 수 있습니다.

예를 들어 말의 사진을 얼룩말의 사진으로 변환하는 것과 같이 두 개의 다른 이미지 도메인 사이의 매핑을 배우게 할 수 있는데 Zhu et al.에 의해 2017년 연구 논문에서 소개된 이미지 간 변환 작업에 사용되는 딥 러닝 알고리즘의 **사이클 GAN**(CycleGAN, Cycle-Consistent Adversarial Networks)[3]이라는 모델을 통해 학습시킬 수 있습니다. 또한 **어텐션 GAN**(AttentionGAN)[4]을 이용하여 생성된 이미지의 품질과 충실도를 향상시켜 더 사실적이고 시각적으로 우수한 작업물을 만들 수 있습니다.

이러한 생성 AI의 기능들을 보았을 때, 생성 AI 모델에 대한 광범위한 응용 방법은 다양한 산업에서 혁신을 가져올 수 있으며, AI가 디지털 비즈니스의 혁신을 주도할 수 있는 가능성이 있음을 알 수 있습니다.

2장

프롬프트 (Prompt)는 무엇입니까?

< 2장 >

프롬프트(Prompt)는 무엇입니까?

2.1. 프롬프트 엔지니어링(Prompt Engineering)은 왜 중요할까요?

프롬프트 엔지니어링은 효과적인 생성 AI 모델을 개발하는 데 필수적입니다. 프롬프트는 AI 모델에 제공되는 입력을 뜻하며 프롬프트에 따라 출력의 품질이 결정되기 때문이 프롬프트가 매우 중요할 수밖에 없습니다.

프롬프트의 역할

프롬프트는 AI 생성 모델의 시작이자 결과물입니다. 프롬프트를 통해서 모델에 새 데이터를 생성하는 데 필요한 컨텍스트를 입력하게 되고 입력된 프롬프트에 따라서 결과물이 나오게 됩니다. 따라서 AI 모델에게 원하는 결과값과 적절한 양의 정보를 제공할 수 있도록 효과적인 프롬프트를 신중하게 작성해야 합니다. 정보가 너무 적으면 모델이 관련이 없거나 무의미한 데이터를 생성할 수 있고, 정보가 너무 많으면 모델의 창의성이 제한되고 가능한 출력 범위가 제한될 수 있습니다.

효과적인 프롬프트 작성 방법과 예시

효과적인 프롬프트를 만드는 것은 한마디로 예술이자 과학이자 인문학입니다. 프롬프트에 따라서 원하는 예술 작품이 창작되기도 하고 프롬프트의 논리에 따라서 결과물의 규칙이 정해지기도 하고, 원하는 프롬프트의 내용은 인간의 삶에 직, 간접적으로 연관이 있는 내용일 것이기 때문입니다. 따라서 내가 원하는 고품질 아웃풋을 생성하는 프롬프트를 개발하기 위해서는 다음과 같은 방법을 따르는 것을 제안합니다.

- **구체적으로 설명:** 프롬프트는 구체적이고 명확해야 합니다. 모호한 프롬프트는 부정확한 결과물을 제공할 것입니다.

  만약 "영어 문장을 한국어로 번역해 주세요."라고 한다면 이 프롬프트 자체는 틀린 것이 아니지만 더 정확한 결과를 원한다면 더 구체적으로 프롬프트를 만들어 볼 수 있습니다. 번역할 문장이 어떤 종류인지 모르기 때문에, 이로 인해 생성 모델은 올바른 번역을 제공하지 못할 가능성이 있기 때문입니다. 따라서 "다음 영어 문장을 한국어루 번역해 주세요: I am going to the park tomorrow."처럼 구체적으로 작성해 준다면 생성 모델은 "나는 내일 공원에 갈 예정이다."와 같은 올바른 번역을 제공할 가능성이 높아집니다.

- **내용 제공:** 프롬프트는 모델이 해결하려는 문제를 이해할 수 있는 충분한 내용을 제공해야 합니다. 여기에는 관련 배경 정보를 제공하거나 문제를 자세히 정의하는 작업이 포함될 수 있습니다.

  만약 "오늘 날씨는 어떤가요?"라는 프롬프트를 작성했다고 했을 때 분명 답은 얻을 수 있을 것입니다. 그러나 구체적으로 어느 나라 어느 지역인지 모르기 때문에 생성 AI가 알아서 판단한 지역의 날씨 혹은 주요 도시의 날씨를 알려 줄 가능성이 있습니다. 따라서 "서울시 중구에서 오늘 오후 3시에 기온은 몇 도이며, 비가 올 가능성이 있나요?"라고 프롬프트를 작성한다면 보다 구체적으로 원하는 답변을 얻을 수 있습니다.

- **자연어 사용:** 프롬프트는 모델이 이해하기 쉬운 자연어로 작성되어야 합니다. 모델을 혼동할 수 있는 전문 용어나 복잡한 언어를 사용하지 않는 것이 좋습니다.

만약에 "컴퓨터 비전 기술을 사용하여 사진에서 물체를 검출하는 방법을 설명해 주세요."처럼 어려운 용어를 사용하면 대중이 이해하기가 힘듭니다. 때론 도메인 전문가나 전문가는 이러한 프롬프트로 질문하는 것이 더 정확한 결과를 얻을 수도 있습니다. 그러나 명확하게 알지 못하는 경우에는 "사진에서 어떻게 물체를 찾을 수 있나요?"와 같은 프롬프트로 입력을 하여도 쉬운 자연어로 결과물을 제시해 주게 됩니다.

- **청중을 고려:** 프롬프트는 의도된 사용자를 염두에 두고 작성해야 합니다. 여기에는 청중에게 적합한 언어를 사용하고 필요에 따라 프롬프트를 조정하는 것이 좋습니다.

이 프롬프트의 결과를 들을 청중이 누구인지, 청중이 원하는 답을 어떻게 제공할지를 생각해 보고 프롬프트를 작성하는 것이 중요합니다. 10살 어린이에게 제공하는 서비스인데 의학 전문가의 언어와 단어로 설명된 답변을 받는다면 어린이에게는 이해되지 않을 것이기 때문입니다. 따라서 청중이 누구인지를 설명해 주든지, 청중의 눈높이에 맞는 언어를 사용해서 프롬프트를 작성하는 것이 필요합니다.

- **테스트 및 정제:** 효과적인 프롬프트를 개발하는 것은 반복적인 과정입니다. 다른 프롬프트를 사용하여 모델을 테스트하고 원하는 결과를 얻을 때까지 프롬프트를 세분화하고 반복합니다.

  "어떤 음식이 제일 맛있나요?"의 프롬프트는 생성 모델이 어떤 답을 해야 할지 혼란을 줄 것 같습니다. 물론 이렇게 프롬프트를 입력해도 답변을 줄 것이지만, 정확한 답변을 얻지 못했다면 보다 정확한 정보를 얻기 위한 최종 프롬프트는 "한국의 전통 음식 중 하나인 '불고기'는 어떤 재료로 만들어지며, 어떤 맛이 나나요?"와 같은 구체적으로 정제된 프롬프트로 작성해 볼 수 있습니다.

보다 전문적인 방법이 있지만 대체적으로 이러한 방법을 통해서 원하는 아웃풋을 생성할 수 있는 효과적인 프롬프트를 개발할 수 있습니다. 프롬프트는 명확한 답이라고 할 게 없다고 생각합니다. 때론 광범위하고 애매한 프롬프트를 통해 생성 AI를 새로운 아이디어를 얻는 창의성을 참고하는 요소로 활용할 수 있고, 때론 정확한 정보를 제공하는 프롬프트를 통해 구체적인 결과값을 얻을 수도 있습니다. 원하는 결과물을 얻기 위한 과정에서 테스트하면서 가장 적합한 프롬프트를 찾아가고 배워가는 과정이 필요합니다.

2.2. 효과적인 프롬프트 작성을 위한 전략은?

효과적인 프롬프트는 고품질 출력을 생성하는 생성 AI 모델을 개발하는 데 매우 중요합니다. 효과적인 프롬프트 작성을 통해 최상의 아웃풋을 만들 수 있는 프롬프트를 위한 전략을 살펴보도록 합시다.

프롬프트를 위한 문제 정의

효과적인 프롬프트의 첫 번째 단계는 모델이 해결하려는 문제를 정의하는 것입니다. 여기에는 어떤 문제에 대한 해결이자 아웃풋인지 문제가 발생하는 상황을 이해하는 작업을 해 보아야 합니다. 예를 들어 신문 기사를 요약 정리하는 내용에 대한 프롬프트이면, '제공하는 신문 내용 요약'과 같은 프롬프트로 정의될 수 있습니다.

문제가 정의되면 다음 단계에서는 문제의 범위를 결정합니다. 여기에는 모델이 사용할 특정 유형의 이미지를 정의하거나 충족해야 하는 제약 조건 또는 요구 사항을 파악하는 작업을 해 볼 수 있습니다. 예를 들어 신문 내용을 요약하는 데 100글자 이내로 요약한 결과물을 받고 싶다면 '100글자 이내'라는 범위를 설정해 원하는 아웃풋을 받을 수 있습니다.

관련 정보 제공

프롬프트는 정확하고 적절한 아웃풋을 생성하는 데 필요한 모든 관련 정보를 모델에 제공해 주어야 합니다. 여기에는 문제에 대한 컨텍스트 제공, 데이터의 주요 특징을 파악하고, 제약 조건 또는 요구 사항을 정의하는 것 등이 있을 수 있습니다.

예를 들어 모델을 사용하여 제품에 대한 설명을 생성하는 경우 크기, 색상 및 사용된 재료와 같은 제품의 기능에 대한 정보가 프롬프트에 포함되어야 합니다. 이 정보를 제공하면 모델이 보다 정확하고 관련성 있는 설명을 생성하는 데 도움이 될 수 있습니다. 예를 들어 강아지 수면 조끼를 판매하기 위한 포스트를 작성해 달라고 했을 때의 예를 살펴봅시다. 관련 정보를 주고 홍보 포스터를 써서 달라고 하면 다음과 같은 홍보 포스터를 써주게 됩니다.

J

강아지 옷을 판매하고 싶은데, 품목은 수면 조끼이고, 사이즈는 S, M, L가 있고 색상은 빨강, 흰색, 노랑, 분홍 색. 가격은 15,000원. 유기농 면을 사용했고, 곰 모양의 장식이 부착되어 있어.
이 정보를 바탕으로 상품을 설명하고 홍보하는 포스트를 써 줘.

여러분의 사랑스러운 강아지를 위한 새로운 제품이 출시되었습니다! 수면 조끼로 따뜻하고 편안한 밤을 보낼 수 있는 강아지 옷이에요.

우리 강아지 친구들을 위한 옷으로, S, M, L 사이즈와 빨강, 흰색, 노랑, 분홍 색상이 준비되어 있어요. 이 제품은 유기농 면 소재로 만들어졌기 때문에 강아지 친구들의 피부에도 안전하게 착용할 수 있답니다.

그리고, 이 제품은 곰 모양의 장식이 부착되어 있어서, 더욱 귀여운 느낌을 줄 수 있어요. 강아지 친구들이 착용하면 마치 작은 곰돌이가 된 것 같은 느낌을 받을 수 있답니다.

가격은 매우 합리적으로 15,000원으로 설정했어요. 수면 조끼로 따뜻하고 안락한 밤을 보내기 위한 가장 적합한 선택 중 하나가 되어줄 거예요.

이제부터, 당신의 사랑하는 강아지 친구들도 따뜻하고 편안한 밤을 보낼 수 있도록 이 제품을 구매해 보세요!

구조화된 프롬프트 사용

구조화된 프롬프트는 모델의 출력을 특정 방향으로 안내하도록 설계된 프롬프트입니다. 구조화된 프롬프트는 특정 요구 사항 또는 제약 조건을 충족하는 아웃풋을 생성하는 데 유용할 수 있습니다. 예를 들어 "위의 포스터를 대화하는 것처럼 써줄 수 있어"와 같은 특정 요구 사항을 줄 수 있습니다.

J 위의 포스터를 대화하는 것처럼 써줄 수 있어?

"안녕, 우리 강아지들을 위한 새로운 제품이 출시됐어! 수면 조끼로 따뜻하게 잘 수 있는 강아지 옷이야. 이 옷은 S, M, L 사이즈와 빨강, 흰색, 노랑, 분홍 색상으로 준비돼 있어. 강아지 친구들의 피부를 위해 유기농 면 소재로 만들어졌단 말이야.

그리고, 더 귀여운 포인트는 곰 모양의 장식이 부착돼 있어. 착용하면 강아지 친구들이 더 귀여워 보일 거 같아! 가격은 매우 합리적으로 15,000원이야. 이렇게 합리적인 가격으로 강아지 친구들이 따뜻하게 잘 수 있게 된 거야.

우리 강아지 친구들이 수면 조끼로 따뜻하게 잘 수 있도록, 이 제품을 구매해보는 건 어때? 그리고 이 옷을 입은 강아지 친구들과 함께하는 시간이 더욱 특별하고 편안한 시간이 되길 바래!"

위와 같은 구조로 다음의 상품도 소개하는 포스터를 써줘.
강아지 신발, 사이즈 S, M, L. 베트맨 로고가 있는 니트 형태의 부츠, 회색, 검정색, 빨간색, 초록색.

"안녕, 우리 강아지들을 위한 또 다른 새로운 제품을 소개할게! 강아지 신발이야. 이 신발은 S, M, L 사이즈로 준비돼 있어. 베트맨 로고가 있는 니트 형태의 부츠야. 회색, 검정색, 빨간색, 초록색 중에서 고를 수 있어.

강아지 신발은 강아지 친구들의 발을 보호해주기 위해 만들어졌어. 우리 강아지들이 실내와 실외에서 자유롭게 움직일 수 있도록 도와줄 거야.

그리고, 이 신발은 니트 형태로 제작돼 있어서 더욱 편안하게 착용할 수 있어. 강아지 친구들이 신발을 싫어하는 이유 중 하나가 불편함이었을 텐데, 이 신발은 그러한 불편함을 해소할 수 있는 제품이야.

가격은 매우 합리적으로 20,000원이야. 강아지 친구들의 발을 보호해주는 신발이니까 가격도 알맞게 설정했어.

우리 강아지 친구들이 더욱 건강하고 편안하게 지낼 수 있도록, 이 신발을 구매해 보는 건 어때? 그리고 이 신발을 신은 강아지 친구들과 함께하는 시간이 더욱 더 즐거워지길 바래!"

여기서 가격을 제공하지 않았는데, 마음대로 가격을 책정한 것을 볼 수 있습니다. 따라서 항상 내용을 확인하는 것이 중요합니다. 생성 AI 모델은 도움을 받을 기술이지 무조건 신뢰하고 따를 기술이 아닙니다. 늘 이 기술을 사용하는 사람들이 모든 키를 가지고 움직여야 합니다.

조건부 프롬프트 사용

AI 모델을 사용하여 고객에게 맞춤형 전자 메일을 생성하는 경우 고객의 기본 설정에 따라 다음과 같은 조건부 프롬프트 사용해서 더욱 효과적으로 프롬프트의 결과물을 만들 수 있습니다.

J 러키라는 고객을 위해 개인화된 이메일을 만들어 주세요. 이메일은 IT컨설팅 회사의 입사 합격에 대한 내용입니다. 러키는 축구를 좋아하고, 책을 읽는 것을 좋아한다고 합니다. 이러한 관심사를 넣어서 공손하지만 친근감 있게 작성해 주세요.

안녕하세요. 러키 님,

저희 IT 컨설팅 회사에 지원해 주셔서 감사합니다. 저희 회사의 채용 프로세스를 거쳐 러키 님이 우리 회사의 입사 지원에 대해 긍정적인 결과를 받게 된 것을 기쁘게 생각합니다.

러키 님이 축구를 좋아하신다는 것을 알게 되어서 더욱 반갑습니다. 축구는 우리 회사에서도 매우 인기 있는 스포츠 중 하나이기 때문에, 러키 님과 함께 축구 이야기를 나누는 것이 더욱 기대됩니다.

또한, 러키 님이 책을 읽는 것을 좋아하신다는 것도 알게 되어서 더욱 놀라웠습니다. 우리 회사에서는 항상 새로운 기술과 새로운 아이디어를 탐구하고 발전시키기 위해 끊임없이 학습하고 발전하는 문화가 있습니다. 그래서 러키 님도 우리 회사에서 꾸준한 성장을 이룰 수 있을 것이라 생각합니다.

러키 님, 다시 한번 우리 회사에 지원해 주셔서 감사드리며, 러키 님의 우수한 역량과 인성을 평가하는 인터뷰에서 더 많은 이야기를 나누기를 기대하고 있습니다.

감사합니다.
[IT 컨설팅 회사 이름]

이 예에서는 개인화를 위한 조건부 프롬프트인 축구, 책 읽기와 같은 개인 관심사를 사용하여 고객의 관심사와 선호도에 대한 추가 정보를 모델에 제공할 수 있습니다. 이를 통해 생성 모델이 보다 개인화된 전자 메일을 생성할 수 있습니다.

스타일 전송 사용

스타일 전송은 한 내용의 스타일을 다른 내용으로 전송하는 데 사용할 수 있는 방법입니다. 스타일 전송을 사용하면 모델에 원하는 출력 스타일에 대한 레퍼런스를 제공하여 효과적인 프롬프트를 개발할 수 있습니다.

모델을 사용하여 특정 아티스트 스타일의 노래 가사를 생성하는 경우 프롬프트에 참조 노래와 원하는 출력 스타일이 포함될 수 있습니다.

J 아바의 'I have a dream' 스타일로 노래 가사를 만들어 보세요.
한국어로 해 주세요.

숨겨진 꿈이 내 안에 깊이 자리 잡았어
그 안에서 난 노래하며 나아갈래
오늘도 눈부신 세상 속을 걸어가면서
새로운 꿈을 꿔봐 나의 미래를 그려

나의 꿈은 이 세상을 바꿀 힘이 될 거야
어둠이 내려오면 빛으로 비출게
그 어떤 시련도 내 손에서 이겨낼 수 있어
내 안에 있는 열정으로 하나 되어

내 꿈이 이루어질 때까지 나는 포기하지 않을게
하나 둘씩 꿈을 이루면서 앞으로 나아갈게
사람들에게 나의 꿈을 전하며
세상을 더 아름답게 만들고 싶어

I have a dream, 내가 꿈꾸는 이상
하나씩 이루어질 거야
I have a dream, 내가 힘껏 노래할게
세상을 향해 피어나는 꿈으로

이 예에서 스타일 전송은 레퍼런스 노래의 스타일을 새 아웃풋으로 전송하는 데 사용되며, 이는 모델이 제시한 스타일의 톤과 스타일이 일치하는 가사를 생성하게 됩니다.

다중 모드 입력 사용

다중 모드 입력은 텍스트, 이미지 및 오디오와 같은 여러 소스의 정보를 포함해서 입력하는 것을 말합니다. 다중 모드 입력은 AI 모델에게 더 광범위한 정보를 제공하게 하여 효과적인 아웃풋을 만들 수 있게 됩니다.

J 이 제품에 대한 설명을 생성하십시오. 그 제품은 금속 프레임의 빨간 자전거입니다. 텍스트 설명, 이미지 설명 및 오디오 설명을 제공하십시오.

[텍스트 실명]
이 자전거는 빨간색 금속 프레임을 가진 전통적인 디자인의 자전거입니다. 프레임은 견고하고 내구성이 뛰어나며, 스포티한 빨간색으로 마무리되어 있어 도시에서 눈에 띄게 잘 어울립니다. 안전에 대한 고려도 많이 들어가, 전면과 후면에 브레이크가 장착되어 있으며, 안정적인 타이어를 사용해 산책, 운동, 출퇴근 등에 모두 사용할 수 있습니다.

[이미지 설명]
이 자전거는 빨간색 금속 프레임으로 구성돼 있습니다. 프레임은 튼튼하고 내구성이 뛰어나며, 조정 가능한 좌석과 핸들바가 함께 제공됩니다. 전면과 후면에 브레이크가 장착돼 있고 안정적인 타이어를 사용해 안전한 운전이 가능합니다.

[오디오 설명]

이 자전거는 빨간색 금속 프레임으로 구성돼 있습니다. 프레임은 견고하고 내구성이 뛰어나며, 도시에서 탈 때 스포티한 빨간색으로 눈에 띄게 어울립니다. 전면과 후면에 브레이크가 장착돼 있어 안전에 대한 고려도 많이 되어있습니다. 편안한 조정 가능한 좌석과 핸들바가 함께 제공되어 타기 편안하며, 안정적인 타이어를 사용해 산책, 운동, 출퇴근 등에 모두 사용할 수 있습니다.

이 예에서는 다중 모드 입력을 사용하면 AI 모델이 더 정확하고 관련성 있는 설명을 생성할 수 있고, 이를 통해 도움이 되는 많은 정보를 모델로부터 받을 수 있게 됩니다.

예제 사용

모델이 생성할 것으로 예상되는 출력 유형의 예를 미리 제공한다면, 다른 내용이더라도 원하는 포맷대로 출력이 가능합니다. 예제의 사용은 모델이 출력이 사용될 컨텍스트를 이해하는 데 도움을 주게 되어 관련 출력을 생성하기 위한 레퍼런스로써 활용이 되기 때문에 내가 원하는 형태로 결과물을 생성하는 데 도움이 될 수 있습니다.

다음의 예처럼 "위의 예처럼 '희색 가죽 소파'에 대한 설명을 생성해 주세요"에 대한 답변을 살펴보면 앞선 빨간 자전거의 포맷에 맞게 설명을 해주는 것을 볼 수 있습니다.

[텍스트 설명]
이 자전거는 빨간색 금속 프레임을 가진 전통적인 디자인의 자전거입니다. 프레임은 견고하고 내구성이 뛰어나며, 스포티한 빨간색으로 마무리되어 있어 도시에서 눈에 띄게 잘 어울립니다. 안전에 대한 고려도 많이 들어가, 전면과 후면에 브레이크가 장착되어 있으며, 안정적인 타이어를 사용해 산책, 운동, 출퇴근 등에 모두 사용할 수 있습니다.

[이미지 설명]
이 자전거는 빨간색 금속 프레임으로 구성돼 있습니다. 프레임은 튼튼하고 내구성이 뛰어나며, 조정 가능한 좌석과 핸들바가 함께 제공됩니다. 전면과 후면에 브레이크가 장착돼 있고 안정적인 타이어를 사용해 안전한 운전이 가능합니다.

[오디오 설명]
이 자전거는 빨간색 금속 프레임으로 구성돼 있습니다. 프레임은 견고하고 내구성이 뛰어나며, 도시에서 탈 때 스포티한 빨간색으로 눈에 띄게 어울립니다. 전면과 후면에 브레이크가 장착돼 있어 안전에 대한 고려도 많이 되어 있습니다. 편안한 조정 가능한 좌석과 핸들바가 함께 제공되어 타기 편안하며, 안정적인 타이어를 사용해 산책, 운동, 출퇴근 등에 모두 사용할 수 있습니다.

위의 예처럼 '흰색 소가죽 쇼파'에 대한 설명을 생성해 주세요.

[텍스트 설명]
이 소가죽 쇼파는 흰색으로 마감된 고급스러운 디자인으로, 고객의 인테리어를 완성하는 데 필수적인 아이템입니다. 소가죽으로 제작되어 내구성과 편안한 사용감이 뛰어나며, 미끄러짐 방지 기능이 있는 발판이 함께 제공됩니다. 다양한 인테리어 스타일에 어울리며, 고품질 소재와 수작업으

로 제작되어 오랫동안 사용할 수 있습니다.

[이미지 설명]
이 소가죽 쇼파는 흰색으로 마감돼 있으며, 고급스러운 디자인으로 제작됐습니다. 소가죽으로 제작돼 내구성이 뛰어나며, 발판에는 미끄러짐 방지 기능이 함께 제공됩니다. 모던하고 클래식한 인테리어 스타일 모두에 어울리며, 고품질 소재와 수작업으로 제작돼 오랫동안 사용할 수 있습니다.

[오디오 설명]
이 소가죽 쇼파는 흰색 마감으로 고급스러운 디자인을 자랑합니다. 소가죽 소재로 제작돼 내구성이 뛰어나며, 발판에는 미끄러짐 방지 기능이 함께 제공되어 안전하게 사용할 수 있습니다. 다양한 인테리어 스타일에 어울리며, 고품질 소재와 수작업으로 제작돼 오랫동안 사용할 수 있습니다. 흰색 마감이 공간을 밝고 화사하게 만들어 주어, 고객의 인테리어를 완성하는 데 필수적인 아이템입니다.

시험 및 정제

효과적인 프롬프트를 개발하는 것은 반복적인 과정입니다. 다양한 프롬프트로 모델을 테스트하고 원하는 결과가 나올 때까지 프롬프트를 세분화하며 반복적인 수정을 해 보아야 원하는 결과물을 얻을 수 있을 것입니다. 여기에는 프롬프트 수정, 모델의 매개 변수 조정 또는 성능 향상을 위한 교육 데이터 조정과 같은 작업이 있을 수 있습니다. 즉 AI 모델을 차근차근 잘 가르친다는 생각으로 차근히 조정해 나가야 합니다. 효과적인 프롬프트는 생성 AI 모델로 최상의 결과를 얻기 위해 필수적이며 개발 과정 전반에 걸쳐 반복적으로 사용해야 할 것입니다.

3장

ChatGPT란 무엇입니까?

< 3장 >

ChatGPT란 무엇입니까?

3.1. GPT 시리즈에 대하여

GPT의 기원

GPT 시리즈 또는 Generative Pre-Trained Transformer(한국어로는 미리 훈련된 생성 변환기) 시리즈는 OpenAI가 개발한 대규모 생성 AI 모델 제품군입니다. GPT 모델은 여러 번의 반복을 통해 발전해 왔으며, 각각의 새로운 버전은 이전 버전보다 상당히 개선되었습니다. GPT 시리즈는 바스와니(Vaswani) 등이 소개한 원래 **트랜스포머(Transformer) 모델**[5]에서 시작되었습니다. 2017년에는 어텐션 메커니즘(attention mechanism)으로 **자연어 처리(natural language processing, NLP)**[6] 분야에 혁명을 일으켰습니다.

GPT-1 : 첫 번째의 반복(The First Iteration)

GPT-1은 2018년에 도입되었습니다. GPT-1은 자연어 처리(NLP) 작업에서 **비지도 학습(unsupervised learning)**[7]의 가능성을 보여주었습니다. GPT-1은 단방향 트랜스포머 아키텍처를 사용하여 컨텍스트 인식 텍스트를 학습하고 생성할 수 있었습니다. 텍스트 생성 및 언어 모델링 작업에서 인상적인 결과를 보여주었지만, 확장성과 복잡한 언어 구조에 대한 이해 측면에서는 제한적이었습니다.

GPT-2: 도약(A Leap Forward)

2019년에 출시된 GPT-2는 GPT 시리즈에서 상당한 발전을 이루었습니다. 15억 개의 매개 변수를 특징으로 하고 다양한 아키텍처로 개선되었습니다. GPT-2는 문법, 스타일 및 맥락에 대한 깊은 이해를 보여주면서 일관성 있고 문맥적으로 관련된 텍스트를 생성하는 능력으로 광범위한 분야에서 관심을 받았습니다. 뛰어난 기능에도 불구하고 GPT-2는 잠재적인 오용에 대한 우려를 제기하여 OpenAI가 초기에 전체 모델 출시를 보류하도록 했습니다. 추후 잠재적 위험에 대한 광범위한 연구와 분석 후에 정식 버전을 출시하게 됩니다.

GPT-3: 인공지능의 거대한 도약(A Giant Leap in Generative AI)

2020년에 출시된 GPT-3는 비길 데 없는 크기와 기능으로 AI 환경에 혁명을 일으켰습니다. 1750억 개의 **매개변수**[8]를 사용하여 언어 이해와 생성을 새로운 수준으로 끌어올렸습니다. GPT-3의 성능은 인간과 같은 품질에 접근하여 번역, 요약, 프로그래밍 지원 및 창의적인 글쓰기를 포함한 광범위한 응용 프로그램으로 이어졌습니다. GPT-3의 출시는 AI 기반 언어 생성을 더 많은 대중이 접근할 수 있도록 만들면서 수많은 애플리케이션과 플랫폼의 개발에 박차를 가했습니다.

ChatGPT: GPT-4의 진화

GPT-4 아키텍처를 기반으로 한 ChatGPT는 이전 세대의 성공을 바탕으로 생성 AI의 기능을 더욱 개선하였습니다. 훨씬 더 많은 매개 변수와 고급 훈련 기술을 통해 ChatGPT는 생성된 텍스트의 품질, 일관성 및 다양성을 향상시켰습니다. 보다 역동적이고 대화식인 대화에 참여할 수 있도록 설계되어 컨텐츠 생성 및 그 이상의 다양한 애플리케이션에 유용한 도구로 앞으로 많은 활용이 기대됩니다.

GPT-X: GPT 시리즈의 미래

GPT-4 아키텍처를 기반으로 하는 ChatGPT는 최첨단 생성 AI를 대표하지만, GPT 시리즈의 미래는 훨씬 더 큰 발전을 가져올 것으로 보입니다. GPT-X 시리즈는 현재 인공지능 분야에서 가장 발전된 모델로, 더 나은 자연어 처리 및 문장 생성 능력을 갖출 것입니다. GPT-X 시리즈의 미래에 대해서는 다양한 전망이 있겠지만, 현재 기술과 추세를 바탕으로 몇 가지 가능성을 생각해 볼 수 있습니다.

첫째, GPT-X 시리즈는 더욱 정교하고 사실적인 문장 생성 능력을 갖추게 될 것입니다. 현재 GPT-4 모델에서도 이미 인간과 거의 구별할 수 없는 문장을 생성할 수 있지만, 더욱 높은 정확성과 신뢰성을 갖추는 모델로 발전할 것으로 예상됩니다.

둘째, GPT-X 시리즈는 더욱 다양한 분야에서 사용될 수 있을 것입니다. 현재는 주로 자연어 처리 분야에서 활용되고 있지만, 앞으로는 음성 인식, 이미지 처리, 자율주행 등 다양한 분야에서도 사용될 가능성이 있습니다.

셋째, GPT-X 시리즈는 더욱 빠른 속도와 저전력화를 갖출 것입니다. 현재는 대용량 데이터 처리 및 모델 학습을 위해 많은 컴퓨팅 리소스가 필요하지만, 더욱 빠르고 효율적인 알고리즘 및 하드웨어의 발전으로 빠른 속도와 저전력화가 가능해질 것으로 예상됩니다.

더욱 정교하고 신뢰성 높은 자연어 처리 능력을 갖출 뿐만 아니라, 다양한 분야에서 활용되고 빠른 속도와 저전력화를 갖추게 된다면 GPT-X 시리즈는 생성 인공지능 분야에서 더욱 중요한 역할을 수행하게 될 것으로 예상됩니다.

3.2. ChatGPT는 어떻게 동작합니까?

트랜스포머 아키텍처(Transformer Architecture)

ChatGPT의 작동 방식을 이해하려면 먼저 GPT 모델의 기반인 **트랜스포머(Transformer) 아키텍처**[9]에 대해 살펴봐야 합니다. 이 책에서는 구체적인 설명보다는 간략하게 이러이러하다 정도만 살펴보고 넘어가겠습니다. 2017년 논문에서 바스와니(Vaswani) 등이 소개한 트랜스포머(Transformer)는 주로 자연어 처리(NLP) 작업을 위해 설계된 새로운 신경망 아키텍처입니다. 우수한 성능과 병렬화 기능으로 인해 많은 자연어 처리 작업에 널리 사용되는 **순환 신경망(RNN)**[10]과 **컨볼루션 신경망(Convolutional Neural Networks, CNN, 합성곱 신경망)**[11]을 대체하게 되었습니다.

셀프 어텐션 메커니즘(Self-Attention Mechanism)

트랜스포머(Tranformer)의 핵심 혁신 중 하나는 **셀프 어텐션 메커니즘(Self-Attention Mechanism)**[12]입니다. 이 메커니즘을 통해 모델은 동일한 시퀀스 내의 다른 단어와 비교하여 문장에서 개별 단어의 중요성에 가중치를 줄 수 있습니다. 결과적으로, 모델은 다양한 거리를 가진 단어와 구 사이의 의존성을 파악하여 텍스트의 맥락과 전체적인 의미를 더 깊이 이해할 수 있게 됩니다.

GPT: 트랜스포머의 진화

OpenAI는 트랜스포머(Transformer) 아키텍처를 기반으로 GPT 시리즈(Generative Pretrained Transformer, 사전 훈련된 생성 트랜스포머)를 개발했습니다. GPT 모델은 감독하지 않는 학습 시스템으로 설계되었고, 이는 수동 레이블링 없이 대규모 데이터 세트에서 사전 교육을 받을 수 있음을 의미합니다. 사전 훈련으로 알려진 초기 훈련은 방대한 텍스트 데이터 말뭉치에서 수행되어 모델이 문법, 사실, 추론, 심지어 어느 정도의 지식을 배울 수 있습니다.

미세 조정 및 적용

사전 교육 단계 후, ChatGPT는 챗봇 애플리케이션을 위해 설계된 특정 데이터 세트에 대해 미세 조정을 거칩니다. 이 미세 조정 프로세스에는 대화 예제를 사용하여 대화형 데이터 세트에 대한 모델을 교육하고, 성능을 개선하고, 대화형 AI 작업에 적용하는 과정을 할 수 있게 됩니다.

토큰화 및 인코딩

ChatGPT는 토큰화라는 기술을 통해 입력 텍스트를 처리합니다. **토큰화**[13]

는 입력 텍스트를 더 작은 단위 또는 토큰으로 분할합니다. 이 단위는 언어에 따라 단어 또는 하위 단어가 될 수 있습니다. 그런 다음 모델은 이러한 토큰을 신경망이 처리할 수치 표현으로 **인코딩**[14]합니다.

디코딩 및 텍스트 생성

ChatGPT는 인코딩된 토큰을 처리하면 다시 사람이 읽을 수 있는 텍스트로 **디코딩**[15]합니다. 디코딩 프로세스에는 사전 교육 및 미세 조정 과정에서 학습한 지식과 패턴을 활용하여 토큰별로 텍스트 토큰을 생성하는 작업이 포함됩니다. 이 모델은 어휘에 대한 확률 분포를 계산하여 시퀀스 다음에 올 가능성이 가장 높은 토큰을 선택합니다.

디코딩 중에 개발자는 **온도 및 top-k 샘플링**[16]과 같은 특정 매개 변수(파라미터)를 제어하여 생성된 텍스트의 다양하고 창의적인 결과물로 도출해 낼 수 있습니다.

컨텍스트 처리

ChatGPT는 대화의 이전 부분 또는 주어진 내용을 기억하고 참조할 수 있으므로 모델이 내용과 관련하여 대화를 통해 관련된 응답을 제공할 수 있습니다. 그러나 모델은 아키텍처로 인해 단일 경로에서 정의된 수의 토큰만 처리할 수 있기 때문에 메모리가 제한될 수 있습니다.

ChatGPT의 내부 작업은 강력한 트랜스포머(Transformer) 아키텍처와 방대한 양의 텍스트 데이터로부터 패턴과 지식을 학습하는 셀프 어텐션 메커니즘이기 때문에 사전 교육 및 미세 조정을 통해 ChatGPT는 일관성 있고 의미 있는 텍스트를 생성하면서 상황 인식 대화에 참여할 수 있는 대화형 AI 모델이 될 수 있습니다.

생성 AI 모델을 통해 효과적인 솔루션을 개발하려면 기본 기술에 대한 이해가 필요합니다. 따라서 생성 모델이 어떻게 사용될 수 있는지와 어떤 방식으로 효과적인 솔루션을 개발할 수 있는지 몇 가지 예를 통해 살펴보도록 하겠습니다.

3.3. ChatGPT 실제 사례

대화형 AI

예를 들어, ChatGPT를 활용해 AI 기반 챗봇을 구축해 영어 학습을 할 수 있습니다.

J 프롬프트 내용 I want you to play the role of an English conversation teacher and an improvement. I will speak to you in English and you will answer in English to practice my English speaking. Limit your answer to 100 words. I want you to fix my grammar errors, typos, and errors strictly. I want you to ask me a question. Let's start practicing. You can ask questions first. Remember, I want you to fix my grammar mistakes, typos, and factual errors strictly.

J **프롬프트 해석** 저는 당신이 영어 회화 선생님과 향상자 역할을 해 주길 바랍니다. 나는 영어로 당신에게 말할 것이고 당신은 나의 영어 말하기를 연습하기 위해 영어로 답을 할 것입니다. 당신의 답변을 100 단어로 제한합니다. 저는 당신이 제 문법 오류, 오타, 사실 오류를 엄격하게 고쳐 주셨으면 합니다. 저는 당신이 저에게 질문하기를 바랍니다. 이제 연습을 시작하겠습니다, 먼저 질문을 해 보셔도 됩니다. 기억하세요, 저는 당신이 제 문법 실수, 오타, 그리고 사실의 오류를 엄격하게 고쳐주길 바랍니다.

이렇게 프롬프트를 ChatGPT에 입력하면 다음과 같은 답변이 나옵니다.

J I want you to play the role of an English conversation teacher and an improvement. I will speak to you in English and you will answer in English to practice my English speaking. Limit your answer to 100 words. I want you to fix my grammar errors, typos, and errors strictly. I want you to ask me a question. Let's start practicing. You can ask questions first. Remember, I want you to fix my grammar mistakes, typos, and factual errors strictly.

Great, I understand what you want to do. Just to clarify, are you asking me to ask you a question first? If so, here's my question: Could you tell me about your experience learning English? What methods have you found to be the most helpful in improving your English skills? And remember, I'll be listening for any grammar errors or typos in your response, and I'll do my best to help you improve your English.

답변 해석 좋습니다, 당신이 무엇을 하고 싶은지 이해합니다. 분명히 말씀드리자면, 제가 먼저 질문을 하라는 건가요? 만약 그렇다면, 제 질문은 이렇습니다: 영어를 배운 경험에 대해 말씀해 주시겠습니까? 당신의 영어 실력을 향상시키는 데 가장 도움이 되는 방법은 무엇입니까? 그리고 기억하세요, 저는 당신의 답변에 문법 오류나 오타가 있는지 듣고 있을 것이고, 당신의 영어 실력이 향상될 수 있도록 최선을 다할 것입니다.

이어서 다음 문장을 계속 말하면서 영어 학습을 할 수 있습니다.

J Actually, I think I learned English since I was 6 years old, but I am not always confident. But I think I can use English enough to read and write papers. The way to help me improve my English is to write anything hard. I think my English improved through writing.

Great job! Your response was clear and understandable. I did notice a couple of grammar errors, though. The first sentence should be "I have been learning English since I was 6 years old," and the last sentence would be better phrased as "I think my English has improved through writing." Overall, your English is quite good, and it's great to hear that you've found writing to be helpful in improving your skills. Here's another question for you: Do you enjoy any hobbies or leisure activities in your free time?

J **프롬프트 해석** 사실 영어를 6살부터 배웠던 것 같은데, 늘 자신이 없긴 해. 그래도 논문을 읽고, 쓰고 하는 정도로 영어를 사용할 수는 있는 거 같아. 내 영어 실력 향상에 도움 되는 방법은 그냥 아무 글이나 열심히 써 보는 거야. 글쓰기를 통해서 영어가 늘었던 것 같아.

답변 해석 정말 잘했어요! 당신의 답변은 명확하고 이해할 수 있었습니다. 하지만 저는 몇 가지 문법 오류를 알아차렸습니다. 첫 번째 문장은 "6살 때부터 영어를 배워왔다"고 해야 하고, 마지막 문장은 "글쓰기를 통해 영어가 향상된 것 같다"는 표현이 더 나을 것입니다. 전반적으로, 당신의 영어 실력은 상당히 뛰어나고, 글쓰기가 당신의 기술을 향상시키는 데 도움이 된다는 것을 알게 되어 기쁩니다. 여기 또 다른 질문이 있습니다: 당신은 여가 시간에 취미나 여가 활동을 즐기십니까?

입사 지원서 작성

다음과 같은 프롬프트를 입력하면 다음과 같이 입사 지원서가 나오게 됩니다.

J 입사 지원서를 제출하기 위해 새로운 자기소개서를 쓰고 싶습니다. 저의 기술을 설명하는 자기소개서를 작성해 주세요.
[저는 10년 동안 작곡을 공부해 왔습니다. 저는 다양한 장르의 곡을 작곡할 수 있지만 특히 재즈곡에 관심이 많습니다. 많은 재즈곡을 작곡했고, 올해 생성 AI를 통해 작곡된 10여 곡을 발표할 예정입니다.]
입사 지원서를 써 줄 수 있습니까?

저는 음악 작곡 분야에서 10년 이상의 경력을 쌓았습니다. 다양한 장르의 곡을 작곡할 수 있으며, 특히 재즈곡에 대한 깊은 이해와 관심을 가지고 있습니다. 이전에도 많은 재즈곡들을 작곡하여 많은 사람들의 사랑을 받았으며, 최근에는 인공지능을 활용한 음악 작곡에도 관심을 가지게 되었습니다.

최근에는 생성 AI를 이용하여 재즈곡을 작곡하는 실험을 진행하였고, 그 결과로 10여 곡을 성공적으로 발표하였습니다. 이를 통해 제 음악 작곡 능력은 향상되고 있다는 것을 느꼈으며, AI 기술을 통해 새로운 음악 작곡 방법을 모색하고 있는 것이 현재의 제 열정입니다.

입사 지원서에도 이러한 제 기술력을 담은 자기소개서를 작성할 수 있습니다. 재즈곡에 대한 깊은 지식과 경험, 그리고 AI 기술을 활용하여 음악 작곡에 대한 새로운 시도를 한다는 것을 강조하여 작성할 예정입니다. 또한 제가 가진 음악적인 감각과 창의성을 통해 회사의 업무에도 기여할 수 있을 것이라는 것을 알려드리고자 합니다.

번역 및 다국어 지원

ChatGPT를 사용하여 언어 간에 텍스트를 번역하는 챗봇 솔루션을 만들면 기업이 전 세계 사용자와 더 쉽게 의사소통할 수 있게 됩니다.

J 나는 당신이 한국어 번역가, 맞춤법 교정자로 활동하기를 바랍니다. 나는 어떤 언어로든 당신에게 말할 것이고 당신은 그 언어를 감지하고 그것을 번역하여 한국어로 수정되어 대답합니다. 나는 당신이 수정, 개선 사항만 회신하고 설명을 쓰지 않기를 바랍니다.

내 첫 문장은 "Korea is such a beautiful country. In paricular, Korea in spring is warm and gentle, and it is even more beautiful because there are many beautiful flowers."입니다.

한국은 정말 아름다운 나라입니다. 특히 봄에는 따뜻하고 부드러운 분위기가 감돌며, 아름다운 꽃들이 많이 피어서 더욱 아름답습니다.

같은 문장을 일본어로 바꾸어 번역을 해보면 다음과 같은 답변을 얻을 수 있습니다.

J

나는 당신이 한국어 번역가, 맞춤법 교정자로 활동하기를 바랍니다. 나는 어떤 언어로든 당신에게 말할 것이고 당신은 그 언어를 감지하고 그것을 번역하여 한국어로 수정되어 대답합니다. 나는 당신이 수정, 개선 사항만 회신하고 설명을 쓰지 않기를 바랍니다.

내 첫 문장은 "韓国はとても美しい国です。特に春の日の韓国は暖かく、穏やかで美しい花が多く、より美しいです。" 입니다.

당신의 문장을 한국어로 번역해 보면 "한국은 정말 아름다운 나라입니다. 특히 봄의 한국은 따뜻하고 온화하며 아름다운 꽃들이 많아 더욱 아름답습니다."가 됩니다. 문법적으로나 맞춤법적으로나 큰 문제가 없는 것 같습니다. 다만 '美しい花'를 '아름다운 꽃'으로 번역할 때, 한국어로 자연스럽게 번역하는 것이 좋습니다.

프로그래밍 지원 및 코드 생성

ChatGPT는 코드 제안을 제공하고 구문 오류를 찾아내거나 복잡한 프로그래밍 개념을 설명하여 개발자가 코드를 작성하는 데 도움을 줄 수 있습니다.

J 나는 당신이 소프트웨어 개발자의 역할을 하기를 원합니다. '로그인' 모델을 만들어 주세요.

안녕하세요! 로그인 모델을 만들어 드리겠습니다. 로그인 모델은 사용자의 아이디와 비밀번호를 받아와 해당 정보가 데이터베이스에 있는지 확인한 후, 맞다면 로그인을 성공하고 그렇지 않다면 로그인을 실패하는 기능을 가지고 있습니다.
아래는 python 언어로 작성한 간단한 로그인 모델입니다.

python Copy code

```
import hashlib # hashlib 모듈을 사용하기 위해 import

# 사용자의 정보를 데이터베이스에 저장해두는 부분
database = {
    'user1': {
        'id': 'user1',
        'pw': hashlib.sha256('password1'.encode()).hexdigest() # 비밀번호를 암
    },
    'user2': {
        'id': 'user2',
        'pw': hashlib.sha256('password2'.encode()).hexdigest()
    }
}

# 사용자로부터 아이디와 비밀번호를 입력받는 부분
user_id = input("아이디를 입력하세요: ")
user_pw = input("비밀번호를 입력하세요: ")
```

```
# 입력받은 아이디를 이용하여 데이터베이스에서 해당 사용자 정보를 찾는 부분
if user_id in database:
    user_info = database[user_id]
    # 입력받은 비밀번호를 암호화하여 데이터베이스에 저장된 암호화된 비밀번호와
    if user_info['pw'] == hashlib.sha256(user_pw.encode()).hexdigest():
        print("로그인 성공!")
    else:
        print("비밀번호가 일치하지 않습니다.")
else:
    print("존재하지 않는 아이디입니다.")
```

위 코드는 간단한 로그인 모델을 구현한 것입니다. 사용자의 정보를 데이터베이스에 저장하고, 입력받은 아이디와 비밀번호가 데이터베이스에 있는 정보와 일치하는지 확인하는 과정을 거치며 로그인을 성공 또는 실패합니다. 이 코드를 참고하여 보다 복잡한 로그인 모델을 만들어 보시길 바랍니다.

내용의 요약

ChatGPT는 뉴스 기사나 연구 논문과 같은 대량의 텍스트를 분석하고 간결한 요약이나 개인화된 콘텐츠 추천을 생성할 수 있습니다.

J

이 기사를 요약해 줘.

[(서울=연합뉴스) 엄남석 기자 = 태양 질량의 300억 배가 넘는 괴물급 초대질량 블랙홀이 발견돼 학계에 보고됐다.

천문학자들이 거의 보지 못 한 큰 블랙홀인데다 중력렌즈 효과와 슈퍼컴퓨터 시뮬레이션을 활용해 처음으로 발견한 블랙홀이라 많은 관심을 받고 있다.

영국 더럼대학에 따르면 이 대학 물리학과 제임스 나이팅게일 박사가 이끄는 연구팀은 지구에서 약 27억 광년 떨어진 은하단 아벨(Abell) 1201에서 가장 밝은 은하 안에서 중력렌즈 효과를 이용해 태양 질량의 327억배에 달하는 초대질량 블랙홀을 찾아낸 결과를 영국 왕립천문학회 월보'(MNRAS) 최신호(29일 자)에 발표했다.

이는 우리 은하 중심에 자리 잡은 블랙홀의 7천 배에 달하는 것이다.

중력렌즈 효과는 질량이 큰 천체로 인해 배경의 빛이 굴절되며 렌즈로 들여다본 것처럼 확대돼 보이는 현상을 지칭한다.
이번 연구에서는 은하의 빛이 굴절돼 확대된 이미지를 허블 우주망원경으로 포착하고, 영국의 통합 슈퍼컴퓨팅 시설인 DiRAC 고성능컴퓨팅(HPC)을 이용해 빛이 블랙홀을 통해 굴절되는 과정을 수십만 차례에 걸쳐 시뮬레이션했다.

이를 통해 초대질량을 뛰어넘어 극대질량 블랙홀을 상정한 시뮬레이션에서 허블 망원경이 잡은 이미지와 일치하는 것이 확인됐다.]

태양 질량의 300억 배를 넘는 초대질량 블랙홀이 은하단 아벨 1201에서 발견되었다. 중력렌즈 효과와 슈퍼컴퓨터 시뮬레이션을 활용하여 발견된 것으로, 블랙홀의 질량은 우리 은하 중심에 있는 것의 7천 배에 달한다. 이번 연구는 영국 왕립천문학회의 월보에 발표되었다.

기사 출처 :
〈연합뉴스 '태양 질량 300억 배 넘는 '괴물' 블랙홀 중력렌즈 효과로 포착〉
https://www.yna.co.kr/view/AKR20230329126100009?input=1195z

상상의 여행

여행지의 이름이나 특징 등을 입력하면, GPT는 입력 정보를 기반으로 해당 여행지에 대한 설명이나 이야기를 생성할 수 있습니다. 예를 들어, '바다, 해변, 파도 소리'와 같은 단어를 입력하면, GPT는 이를 기반으로 한 해변 관련 여행지의 설명이나 경험 이야기를 생성할 수 있습니다. 다음은 덥지 않고 따뜻한 나라, 맛있는 과일이 많은 나라, 평온한 분위기의 휴식을 취할 수 있는 나라를 키워드로 상상의 여행을 떠나 보겠습니다.

J 덥지 않고 따뜻한 나라, 맛있는 과일이 많고, 평온한 분위기의 휴식을 취할 수 있는 나라로 여행을 가고 싶어. 상상의 여행으로 안내해 줘.

좋아요! 상상의 여행으로 이런 나라를 가보시는 건 어떨까요?

나누어진 섬들로 이루어진 인도네시아의 나라, 발리(Bali)입니다. 발리는 열대 기후로 온해와 인도양에 위치해 있어 평균 온도는 27도 정도로 따뜻하고, 건조한 계절과 비가 오는 계절로 구분되는데, 비가 적게 내리는 5월부터 10월까지의 계절에 가면 가장 좋은 날씨를 즐길 수 있습니다.

발리는 과일이 풍부한 나라로 유명합니다. 다양한 과일을 맛볼 수 있으며, 특히 마켓에서 신선한 과일을 저렴한 가격에 살 수 있어요. 망고, 바나나, 자몽, 라임, 코코넛 등이 대표적인 과일이며, 이를 이용해 만든 쥬스나 요구르트, 디저트도 맛있습니다.

또한 발리는 평화롭고 조용한 분위기로 유명합니다. 화려한 야경이나 밤문화를 즐기는 것이 아니라면 바쁜 일상에서 벗어나 힐링을 취할 수 있는 좋은 여행지입니다. 휴양지로 유명한 우붓(WooBud)이나 북쪽에 위치한 로브다(Rovda) 등의 작은 마을에서 산책을 즐기면서 평온한 분위기를 느낄 수 있습니다.

그리고 발리는 여러 가지 명소도 많습니다. 우붓 해변(WooBud Beach), 군북권(Four Seasons Resort Bali), 마누카 하우스(Manuka House), 우브드 천무대(WooBud Obsevatory) 등은 인기 명소 중 하나입니다.

이렇게 발리에서는 따뜻한 날씨와 맛있는 과일, 평화로운 분위기, 그리고 다양한 명소들을 즐길 수 있어 상상의 여행으로도 꿈꾸고 싶은 곳입니다.

J 내가 이 여행의 상상을 통해 행복함을 느낄 수 있게 Bali에 있는 것처럼 설명해 줘.

당신은 발리에 도착했습니다. 따뜻한 태양과 산들바람이 부는 그곳에서, 당신은 평화롭고 평온한 분위기에 감탄합니다. 이 지역의 건물과 거리는 생기발랄하고 다양한 색상과 디자인으로 장식되어 있으며, 과일의 풍부한 향기가 적막한 길거리를 가득 채웁니다.

당신은 현지 음식 중에서도 특히 다채로운 과일들을 즐길 수 있습니다. 대충 섞인 과일주스로 시작해서, 아삭한 망고와 파인애플, 달콤한 패션푸룻 등 다양한 과일들이 맛있게 어우러진 요리를 즐기실 수 있습니다.

이 지역의 바다는 찬란한 푸른 색상으로 물든 아름다운 모습을 자랑합니다. 당신은 끝없는 파도 소리에 귀를 기울이며 해변을 산책하거나 파도 타기를 즐길 수 있습니다.

당신은 발리에서 평온함을 느끼며, 과일과 해변을 즐기며 행복한 여행을 즐기실 수 있습니다.

개인화된 피트니스 계획

J 너는 나의 피트니스 강사야. 나에게 개인화된 피트니스 계획을 알려줘. 나에게는 15분의 운동 시간만 가능해. 그러니까 15분 안에 할 수 있는 코스로 안내해 줘. 나는 앉아서 오랜 시간 일하기 때문에 어깨와 허리가 아파. 이 부분을 해결할 수 있는 운동법도 함께 가르쳐 주면 좋겠어.

다음은 실시할 수 있는 운동 중 몇 가지입니다.

1. 스탠딩 셀프 스트레칭 (5분)
   - 팔, 어깨, 등, 허리, 허벅지 등 근육을 스트레칭합니다.
   - 각 운동을 20초씩 2세트로 진행합니다.
2. 스텝 업 (5분)
   - 의자나 상자를 이용해 스텝 업을 합니다.
   - 한쪽 다리로 스텝 업을 하고 내려온 후 다른 다리로 스텝 업을 합니다.
   - 30초씩 2세트로 진행합니다.
3. 푸시 업 (3분)
   - 팔꿈치를 몸 쪽으로 붙이고 상체를 내리면서 팔꿈치를 구부립니다.
   - 다시 상체를 올리며 팔을 펴서 푸시 업을 합니다.

- 10회씩 3세트로 진행합니다.

4. 버디 프레스 (2분)
    - 의자나 벤치에 등을 대고 무게를 들어 올립니다.
    - 팔꿈치를 구부리면서 무게를 가슴 쪽으로 가져옵니다.
    - 다시 팔을 펴면서 무게를 들어 올립니다.
    - 10회씩 2세트로 진행합니다.

이러한 운동들은 모두 15분 이내로 완료할 수 있으며, 어깨와 허리를 중심으로 근력을 강화하는 운동이 포함되어 있습니다. 추가적으로, 일할 때 자세에 유의하면서 일하는 것도 중요합니다. 정기적인 스트레칭과 근력운동으로 몸을 건강하게 유지하며, 자세 교정도 함께 실시해 보시기 바랍니다.

맞춤형 식사 계획

GPT를 통해서 개인별 맞춤 식이 사항과 제한 사항에 따른 식사 계획 및 레시피를 만들 수 있습니다. 다음과 같은 방법으로 당뇨 식단을 요청해 볼 수 있습니다.

J

너는 나의 영양사야. 나는 당뇨병이 있어. 나를 위한 아침 메뉴를 오늘부터 매일 물어볼 거야. 매일 아침 나에게 오늘의 아침 메뉴를 알려줘. 한식 메뉴이어야 해.
먹는 양도 중요하니까 메뉴마다 얼마나 먹어야 하는지도 알려줘.
나는 175cm 키에 73kg의 몸무게인 남성이야.
우선 오늘의 메뉴부터 알려줘.

네, 당뇨병을 가진 분들에게 권장되는 아침 식사는 탄수화물과 단백질, 적당한 양의 지방이 포함된 식사입니다. 오늘 아침에는 다음과 같은 메뉴를 추천해 드립니다.

- 쌀밥 1/2공기
- 된장국 1공기
- 계란후라이 1개
- 김치 1/2공기
- 단호박 1/2컵

이렇게 조합한 한식 아침 식사는 탄수화물과 단백질, 지방이 적절하게 포함되어 있으며, 쌀밥 대신 찰보리밥으로 바꾸는 것이 좋습니다. 이 메뉴의 경우, 1/2공기의 쌀밥과 1개의 계란 후라이, 1/2컵의 단호박과 1/2공기의 김치를 드시는 것이 적당합니다. 단, 개인의 체질과 활동량 등에 따라 다양할 수 있으니 참고해 주세요.

물론 모든 결과가 100퍼센트 맞을 수 없고, 신뢰할 수 있는 것은 아니기 때문에 건강과 직결된 부분에 있어서는 참고 정도로 한 후에 이상하다 생각하는 점은 다시 물어보거나 확인해 보는 것이 좋습니다. 김치 1/2 공기는 이해가 가지 않는 대목이라서 다시 한번 물어보겠습니다.

J

김치 1/2 공기는 어느 정도야? 너무 양이 많은 것 같은데?
그램 수로 알려 줄 수 있어?

죄송합니다, 제가 제시한 양을 정확히 그램으로 변환하여 말씀드리자면, 김치 반 공기는 대략 50~60g 정도입니다. 다음부터는 보다 정확한 정보를 제공할 수 있도록 노력하겠습니다. 감사합니다.

4장

DALL-E란 무엇입니까?

< 4장 >

DALL-E란 무엇입니까?

4.1. DALL-E에 대하여

DALL-E는 이미지 합성과 조작을 할 수 있는 OpenAI가 개발한 생성 AI 모델입니다. 대규모 이미지 데이터 세트에 대해 훈련된 다른 이미지 생성 모델과 달리 DALL-E는 이미지에 대한 텍스트 설명에 대하여 훈련되어 실제 세계에 존재하지 않는 이미지를 생성할 수 있는 특징이 있습니다.

DALL-E라는 이름은 초현실주의 예술가 살바도르 달리의 이름에서 따왔다고 합니다. DALL-E는 두 개의 신경망을 훈련시키는 것을 포함하는 **GAN 아키텍처**[17]에 기반을 두고 있습니다.

생성기 네트워크[18]는 이미지 생성을 담당하는 반면, 판별기 네트워크는 실제 이미지와 가짜 이미지를 구별하는 역할을 합니다. 훈련 중에 생성기 네트워크는 점점 더 현실적인 이미지를 생성하는 방법을 배우는 반면, **판별기 네트워크**[19]는 더 높은 정확도로 실제 이미지와 가짜 이미지를 구별하는 방법을 배웁니다.

DALL-E는 어텐션 메커니즘(Attention Mechanism), **점진적 성장(Progressive Growing)**[20] 및 스타일 전송을 포함한 많은 고급 기술과 최적화를 통합하는 아키텍처를 가지고 있는데, 이러한 기술을 통해 DALL-E는 더 상세하고 사실적인 이미지를 생성할 수 있습니다.

텍스트-이미지 합성이라는 프로세스를 통해 DALL-E는 실제 세계에 존재하지 않는 객체와 장면의 이미지를 생성하기 때문에 예술, 디자인 및 광고와 같은 창의적인 응용 솔루션 개발을 위한 강력한 툴로 사용될 수 있을 것으로 보입니다. 이러한 특징들을 바탕으로 창의적인 표현과 문제 해결에 대한 새로운 시각과 생각을 하게 해주기도 하며, 이를 잘 활용한다면 향후 다양한 산업에 상당한 영향을 미칠 것으로 예상됩니다.

4.2. DALL-E는 어떻게 동작합니까?

DALL-E는 다양한 고도의 기술과 최적화를 사용하여 고품질 이미지를 생성하는 복잡한 생성 AI 모델입니다. 어떻게 DALL-E의 내부 작업과 DALL-E가 세부적이고 사실적인 이미지를 생성할 수 있는 방법에 대해 간략하게 이해해 보도록 하겠습니다. 이 부분은 지루할 수도 있다고 생각되는데 간략하게 어떻게 작동되는지 알고 있으면 나중에 응용할 때 이해를 바탕으로 하게 되기 때문에 핵심을 중심으로 짚고 넘어가겠습니다.

텍스트-이미지 합성

DALL-E의 주요 기능 중 하나는 텍스트 설명을 기반으로 이미지를 생성할 수 있다는 것입니다. 이는 주어진 텍스트 설명과 일치하는 이미지를 생성하도록 모델이 훈련되는 텍스트 대 이미지 합성이라는 프로세스를 통해 이루어지게 됩니다.

이미지를 생성하기 위해 DALL-E는 입력으로써 모델에 입력되는 이미지에 대한 텍스트 설명을 하게 됩니다. 그런 다음 모델은 일련의 신경망을 사용하여 텍스트 설명을 기반으로 픽셀 단위로 이미지를 생성합니다.

앞서 말한 바와 같이 텍스트에서 이미지로 합성하는 과정은 복잡하고 어텐션 메커니즘(Attention Mechanism), 점진적 성장(Progressive Growing) 및 스타일 전송을 포함한 많은 고도의 기술이 사용됩니다. 이러한 기술을 통해 DALL-E는 다른 텍스트-이미지 합성 모델보다 더 상세하고 사실적인 이미지를 생성할 수 있습니다.

어텐션 메커니즘(Attention Mechanism)

DALL-E는 생성 과정 동안 모델이 이미지의 특정 부분에 초점을 맞출 수 있도록 어텐션 메커니즘(Attention Mechanism)을 통합하게 됩니다. 어텐션 메커니즘(Attention Mechanism)은 모델이 입력의 다른 부분에 선택적으로 가중치를 부여할 수 있도록 하는 신경망 계층의 한 유형이라 할 수 있습니다.

어텐션 메커니즘(Attention Mechanism)을 통합함으로써 DALL-E는 모델이 주어진 텍스트 설명과 가장 관련이 있는 이미지 부분에 초점을 맞출 수 있기 때문에 더 상세하고 정확한 이미지를 생성할 수 있습니다.

점진적 통합(Progressive Growing)

DALL-E는 점진적으로 통합하며, 크기와 복잡성이 증가하는 이미지에 대한 모델 교육을 하게 됩니다. 이를 통해 모델은 더 복잡한 기능을 학습하고 시간이 지남에 따라 더 자세한 이미지를 생성할 수 있습니다.

훈련 과정에서 DALL-E는 저해상도 이미지로 시작하여 모델이 더 능숙해짐에 따라 점차 해상도가 높아지게 됩니다. 이를 통해 모델은 다른 GAN 기반 모델보다 더 상세하고 사실적인 이미지를 생성하는 방법을 배울 수 있습니다.

스타일 전송

DALL-E가 사용하는 또 다른 기법은 한 이미지의 스타일을 다른 이미지로 전송하는 스타일 전송입니다. 이 기술은 특정 스타일 또는 미적인 이미지를 생성하는 데 사용될 수 있으므로 창의적인 응용 프로그램을 위한 강력한 도구가 될 수 있습니다.

예를 들어, DALL-E는 달리(Salvador Dali) 또는 고흐(Vincent van Gogh)와 같은 특정 예술가의 스타일로 이미지를 생성하도록 훈련될 수 있습니다. 이를 통해 모델은 주어진 예술가의 스타일과 일치하는 이미지를 생성할 수 있으므로 창의적인 표현을 돕는 데 활용될 수 있습니다.

프롬프트 & 결과물

☞ 살바도르 달리와 빈센트 반 고흐 스타일의 그림 이미지 만들어줘.

Create pictorial images in the style of Salvador Dali and Vincent van Gogh

DALL-E는 고품질 이미지를 생성하기 위해 다양한 기술과 최적화를 사용하는 고도로 발전된 생성 AI 모델입니다. 텍스트 설명을 기반으로 이미지를 생성하고 어텐션 메커니즘, 점진적 성장 및 스타일 전송을 통합한 기술이기 때문에 다양한 산업에서 창의적인 작업을 위해 쓰일 수 있을 것입니다.

그림 생성 AI 모델인 DALL-E를 사용하기 위한 실제 사례 사용 예와 연습을 해 보도록 하겠습니다.

새로운 이미지 생성

DALL-E의 주요 사용 방법 중 하나는 실제 세계에 존재하지 않는 새로운 이미지를 생성하는 것입니다. 이는 주어진 텍스트 설명과 일치하는 이미지를 생성하도록 모델이 훈련되는 텍스트 대 이미지 합성을 통해 이루어지게 됩니다.

DALL-E로 새로운 이미지를 생성하려면 원하는 이미지에 대한 명확하고 자세한 텍스트 설명을 제공하는 것이 중요합니다. 여기에는 이미지의 색상, 질감, 모양 및 기타 시각적 요소에 대한 설명을 작성해 볼 수 있을 것입니다. 표현하고자 하는 이미지에 대한 자세한 설명을 제공함으로써 모델은 의도된 이미지와 유사하게 일치하는 이미지를 생성할 수 있습니다.

DALL-E는 스타일 전송을 통하여 특정 스타일 또는 미학적 이미지를 생성할 수 있으므로 이미시의 스타일과 미학을 고려해 보는 것도 필요 할 것입니다. 원하는 스타일에 대한 명확하고 구체적인 전달 문구를 보내게 되면 모델은 원하는 스타일과 일치하는 이미지를 생성할 수 있기 때문입니다.

<DALL-E로 생성된 이미지 결과물>

이미지 조작

이미지 조작은 DALL-E에서 기존 이미지를 수정하는 데 사용할 수 있는 방법입니다. 이미지에서 개체의 색상이나 질감을 변경하거나 이미지에 새 개체를 추가하거나 이미지에서 개체를 제거하는 작업을 할 수 있습니다.

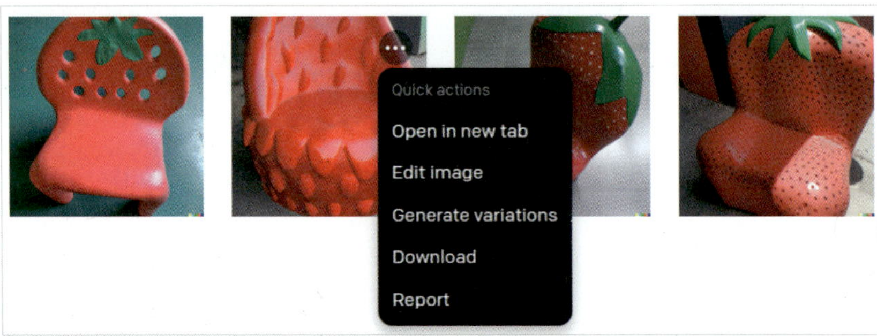

<DALL-E의 이미지 수정 방법 1 >

이미지 상단의 세 개의 점을 클릭할 경우 수정할 개체의 위치, 원하는 색상 또는 질감 및 기타 시각적 요소를 조작할 수 있습니다. 원하는 바를 Edit image에서 수정하여 수정 사항을 정확하게 반영하는 이미지를 생성할 수 있습니다.

<DALL-E의 이미지 수정 방법 2 >

크리에이티브 어플리케이션

DALL-E는 예술, 디자인, 그리고 광고를 포함한 많은 창의적인 이미지를 생산할 수 있는 도구입니다. 또한 다양한 이미지를 생성함으로써 새로운 창의적인 아이디어와 영감을 주는 데 사용될 수 있습니다.

DALL-E는 다양한 입력을 기반으로 광범위한 이미지를 생성할 수 있기 때문에 다양한 텍스트 설명과 여러 스타일을 실험하는 것도 중요합니다. 다양한 입력과 스타일로 테스트해 본다면 새로운 창의적인 아이디어와 영감을 주는 다양한 범위의 이미지를 생성할 수 있을 것입니다.

처음엔 의도하지 않은 결과물이 나올 수도 있습니다. 프롬프트를 고쳐가면서 원하는 결과물을 나오도록 해 보아야 할 것입니다.

DALL-E로 생성한 이미지들

프롬프트 & 결과물

☞ A floating castle made of clouds, with a rainbow bridge leading to it.

구름으로 만들어진 떠다니는 성으로 무지개 다리가 연결되어 있습니다.

프롬프트 & 결과물

☞ A futuristic cityscape with towering skyscrapers and flying cars.

우뚝 솟은 고층 건물들과 하늘을 나는 자동차들이 있는 미래의 도시 풍경.

프롬프트 & 결과물

☞ A surreal landscape with a giant mushroom forest and a river made of glitter.

거대한 버섯 숲과 반짝이는 강이 어우러진 초현실적인 풍경.

프롬프트 & 결과물

☞ Real view with magical gardens, talking animals, and hidden huts.

마법의 정원, 말하는 동물, 숨겨진 오두막이 있는 리얼한 뷰.

프롬프트 & 결과물

☞ A chair shape of a strawberry.

딸기 모양의 의자

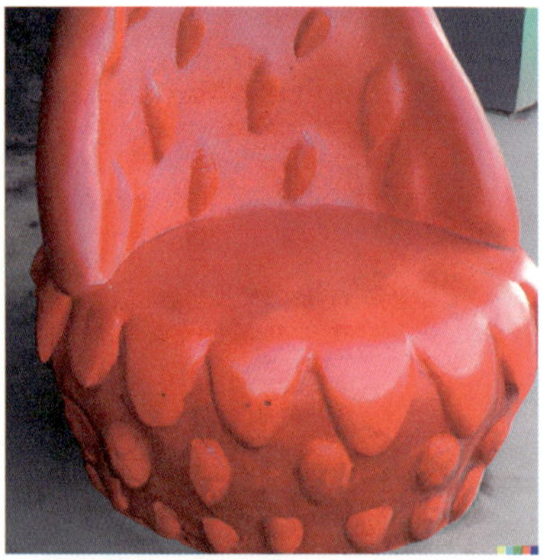

프롬프트 & 결과물

☞ The positive and collaborative energy.

긍정적이고 협력적인 에너지

5장

Midjourney란 무엇입니까?

< 5장 >

Midjourney란 무엇입니까?

5.1. Midjourney에 대하여

Midjourney는 샌프란시스코에 기반을 둔 독립 연구소 Midjourney에서 만든 인공지능 프로그램입니다. Midjourney는 OpenAI의 DALL-E 및 Stable Diffusion과 유사한 프롬프트라는 자연어 설명에서 이미지를 생성합니다. Midjourney는 2022년 7월 12일에 시작했으며 현재 오픈 베타 상태입니다. Midjourney 팀은 Leap Motion을 공동 창립한 David Holz가 이끌고 있습니다. 사용자는 Discord 봇 명령을 사용하여 Midjourney로 아트워크를 만듭니다.

Midjourney는 현재 공식 Discord 서버의 Discord 봇을 통해서만 액세스할 수 있으며, 봇에게 직접 메시지를 보내거나 봇을 타사 서버에 초대해야 합니다. 이미지를 생성하려면 사용자는 /imagine 명령을 사용하고 프롬프트를 입력합니다. 그런 다음 봇은 4개의 이미지 세트를 출력합니다. 이 후 사용자는 업스케일링, 베리에이션 할 이미지를 선택하여 더 나은 출력물을 얻을 수 있습니다.

5.2. Midjourney는 어떻게 동작합니까?

Midjourney는 아직 베타 버전이며, 관련하여 기술적인 자료가 많지 않습니다. 따라서 일부 개인적 판단이 들어가 있는 부분도 있기 때문에 참고만 하시길 바랍니다.

고품질 이미지 생성

Midjourney는 텍스트-이미지 생성을 전문으로 하는 최첨단 기계 학습 모델입니다. 주목할 만한 점은 전례 없는 수준의 정확성과 현실감으로 텍스트 입력에서 고품질 이미지를 생성할 수 있는 고도로 발전되고 정교한 모델이라는 점입니다.

고급 자연어 처리 기술

Midjourney의 텍스트-이미지 모델을 다른 모델과 차별화하는 주요 기능 중 하나는 텍스트 입력의 기본 의미와 컨텍스트를 이해하고 해석하는 기능입니다. 이는 고급 자연어 처리(NLP) 기술을 사용하여 모델이 단어를 단순히 개별 문자나 문자열로 처리하는 것이 아니라 단어 이면의 의도와 의미를 이해할 수 있도록 합니다. 따라서 다소 모호한 표현이라도 상당히 좋은 결과물을 만들어 주기 때문에 인간의 창의력에 협조할 수 있는 정도의 만족할 만한 결과물을 보여줄 수 있다고 생각합니다.

다양한 이미지 유형 생성

Midjourney 모델의 주요 기능 중 하나는 다양한 유형의 이미지를 생성하는 것입니다. 이를 위해 GAN(Generative Adversarial Networks, 생성적 적대 신경망)이 사용되어 사실적인 이미지에서 추상적인 이미지까지 광범위하게 생성할 수 있습니다. 또한, 어텐션 메커니즘(Attention Mechanism)을 사용하여 모델이 입력 텍스트의 특정 부분에 집중할 수 있도록 지원하고, 전이 학습(Transfer Learning)을 통해 모델이 다른 작업에서 학습한 지식을 활용하여 텍스트-이미지 생성 성능을 향상시키는 기능도 제공합니다. 이러한 고급 자연어 처리(NLP) 및 GAN(Generative Adversarial Networks) 기반 기능을 통해 Midjourney는 다양한 분야에서 유용하게 활용될 수 있습니다.

베리에이션과 이미지 수정 기능

이러한 모든 기능이 결합된 Midjourney의 텍스트-이미지 모델은 지금까지 나온 AI 생성 모델 중에서 높은 수준의 정확성과 현실감으로 텍스트 입력에서 광범위한 고품질 이미지를 생성할 수 있는 동종 모델 중에서 가장 발전된 모델 중 하나라 생각합니다. Midjourney는 생성된 이미지를 업스케일링(upscaling), 베리에이션(variation)을 통해 더욱 세부적으로 수정 과정을 가질 수 있기 때문에 전문화된 예술과 디자인 작업을 위해서도 사용이 가능할 것으로 보입니다.

5.3. Midjourney 실제 사례

텍스트-이미지 합성

Midjourney는 DALL-E와 마찬가지로 테스트-이미지 합성을 지원합니다. 이미지를 생성하기 위해서 텍스트 입력을 통해 픽셀 단위로 이미지를 생성하게 됩니다. Midjourney는 개인적인 느낌이자 감각일 수도 있지만 보다 상세하고 사실적인 이미지 아웃풋이 생성 가능합니다. 그리고 개인적으로 느끼기에 Midjourney만의 스타일과 느낌이 있다고 생각됩니다.

추상 이미지 생성

자세한 텍스트 설명을 제공하여 원하는 색상, 질감 및 이미지 전체 구성을 디테일 하게 설명하여 추상 이미지 생성이 가능합니다. 예를 들어서 다음과 같은 모호한 설명도 추상적인 이미지로 생성이 가능합니다.

프롬프트 & 결과물

☞ 기하학적인 모양과 패턴의 다채로운 폭발.

A colorful explosion of geometric shapes and patterns.

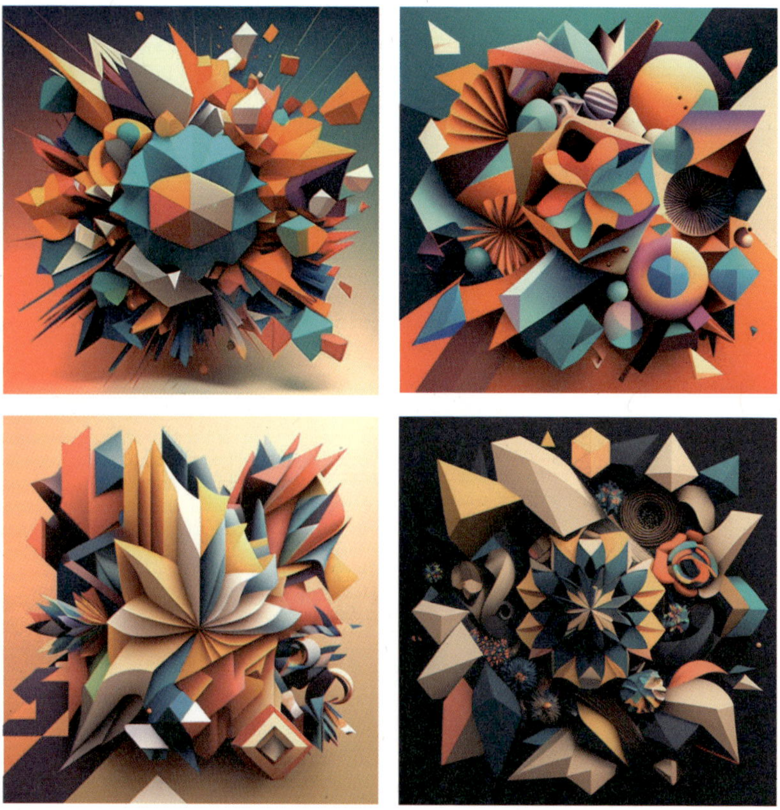

프롬프트 & 결과물

☞ 구불구불한 언덕과 푹신푹신한 구름의 몽환적인 풍경, 파스텔 색상 구조.

A dreamy landscape of rolling hills and puffy clouds, pastel color structure.

프롬프트 & 결과물

☞ 왜곡된 이목구비와 초현실적인 분위기가 있는 추상적인 인물 초상화.

An abstract portrait of a person with distorted features and a surreal atmosphere.

프롬프트 & 결과물

☞ 공상 과학 소설은 네온 불빛과 미래적인 건물로 도시 풍경에 영감을 주었습니다.

Science fiction inspired cityscape with neon lights and futuristic buildings.

현실적 이미지 생성

Midjourney는 굉장히 사실적인 이미지 생성이 가능합니다. Hyper realistic, Photo, Ultra realism과 같은 단어를 프롬프트에 입력하면 되는데, 다음과 같이 해 볼 수 있습니다.

현재는 Discord라는 커뮤니티 채팅 창에서 작업이 가능하며, /imagine 이라는 프롬프트를 시작으로 원하는 프롬프트를 입력하면 됩니다.

프롬프트 & 결과물

☞ 흰색 계란 3개, 사진, 고품질, 초현실적, 흰색 배경, 초현실주의

3 white eggs, photo, high quality, hyper realistic, white background, ultra realism

프롬프트 & 결과물

☞ 빨간 머리 예쁜 여자, 천사, 초현실적, 초상세

Pretty woman red haired, angel, hyper realistic, hyper detailed

의상 디자인

프롬프트 & 결과물

☞ 고급스러운 다이아몬드 왕관과 현대적인 흰색 정장을 입은 모델의 초현실적인 이미지를 만듭니다. 모델은 패션쇼 런웨이를 걷고 있거나 화보 촬영을 위해 포즈를 취하는 것처럼 매우 자신 있는 포즈를 취해야 합니다. 수트의 질감과 핏, 다이아몬드의 반짝임과 광채, 이미지의 전체적인 구도와 조명 등 디테일에 주의를 기울이십시오.

Create a hyper-realistic image of a model wearing a luxurious diamond crown and a modern white suit. The model should strike a very confident pose, as if they are walking down a fashion show runway or posing for a photo shoot. Be sure to incorporate attention to detail, such as the texture and fit of the suit, the sparkle and shine of the diamonds, and the overall composition and lighting of the image.

크리에이티브 도구

Midjourney는 AI 생성 모델로 만들어진 것이 아닌 실제 작업한 사진이나 결과물처럼 굉장히 퀄리티가 높은 작업이 가능합니다. 따라서 패션쇼, 광고, 디자인, 예술 분야에서 다양한 방법으로 사용할 수 있는 강력한 크리에이티브 도구라 생각됩니다. 사실적인 이미지를 렌더링 하는 기술이 혁신적이며, 맥락을 고려하여 높은 품질의 아웃풋을 만들어 내는 부분이 지금까지 나온 AI 생성 모델 중에서 가장 질적으로 우수하다고 생각됩니다.

지역에서 생산되는 식물을 모티브로 한 의상 디자인과 패션쇼에 대한 프롬프트

프롬프트 & 결과물

☞ 빛나는 나뭇잎의 세계에서 열리는 생물 발광 패션쇼에서 디자이너들은 지역적이고 빛나는 식물로 만든 창작물을 선보이며 매혹적인 조명 디스플레이로 런웨이를 밝히고 있습니다. 조명은 노란색으로 해주세요.

A bioluminescent fashion show on a world of glowing foliage, where designers present their creations made from local, radiant flora, illuminating the runway with mesmerizing light displays, light is yellow.

이미지 블렌딩

Midjourney는 이미지 블렌딩을 지원합니다. 비슷한 느낌의 이미지를 제공하고 덧붙여서 프롬프트를 입력하면, 제공한 이미지와 프롬프트가 합성 과정을 통해 새로운 아웃풋으로 나오게 되는 것입니다. 아래의 예를 살펴보면 이미지 링크와 원하는 디자인의 프롬프트를 입력하게 되면 합성된 결과물이 나오게 되는 것입니다.

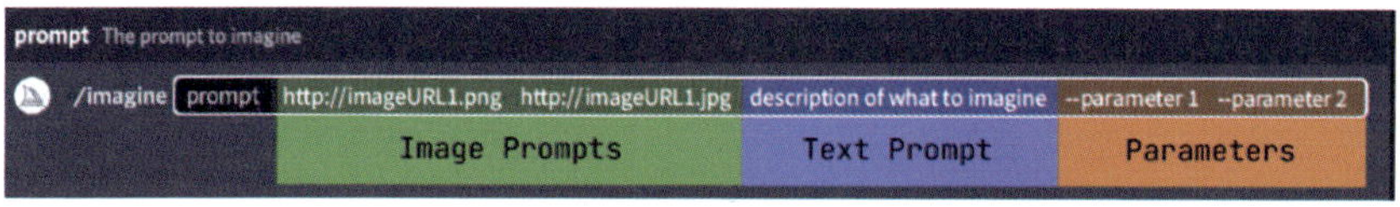

</imagine 프롬프트를 이용하여 이미지를 블렌딩하는 방법>

또 다른 방법으로는 /Blend 명령어를 통해 이미지들을 합성할 수도 있습니다.

구두 디자인

프롬프트 & 결과물

☞ https://imgs7.luluandsky.com/catalog/product/m/f/mflstyl 8904288475906__1_.jpg
fashion 런웨이 쇼 디테일 샷, 고급스러운 신발, 플라워, 원석과 메탈 체인의 혼합, 사실적인 8k 렌더 -

https://imgs7.luluandsky.com/catalog/product/m/f/mflstyl 8904288475906__1_.jpg
fashion runway show detail shot, luxurious shoes, mixture of blossoms flower, gemstones and metal chain, realistic 8k render -

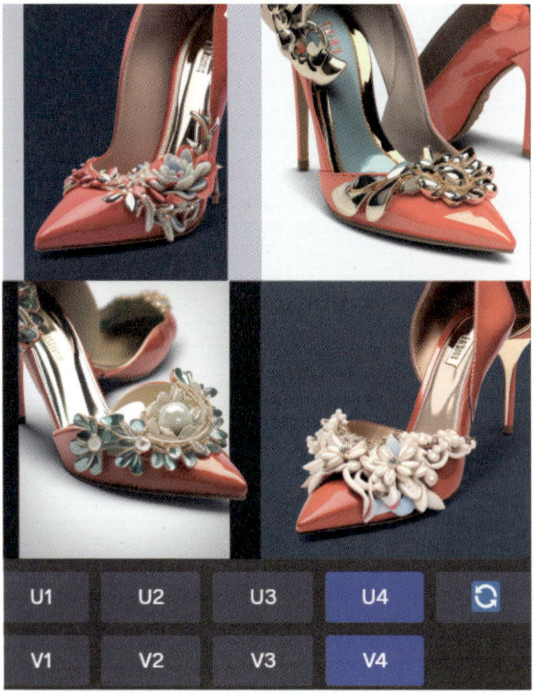

원하는 이미지의 U1, U2, U3, U4 같은 Upscalers과 V1, V2, V3, V4와 같은 Variation을 이용하여 더 다양하고 높은 해상도의 결과물을 얻을 수 있습니다.

아래는 U4, V4 적용한 예입니다.

하이 주얼리 화보 디자인

프롬프트 & 결과물

☞ 하이 화보 촬영, 고급스럽고 모던한 패션쇼 룩, 모란꽃 모양 착용, 귀금속 불꽃 목걸이 세트, 심플하고 모던한.

High photo shoot, luxurious and modern fashion show look, wearing peony flower shape, precious metal flame necklaces set with precious stones, simple and modern.

약혼반지 디자인

프롬프트 & 결과물

☞ 유기적인 모양과 화이트 다이아몬드의 고품질 렌더링이 특징인 14k 화이트 골드를 사용하여 독특한 약혼반지를 디자인합니다. 고리의 유기적인 느낌을 높이기 위해 잎이나 가지와 같은 자연의 요소를 디자인에 통합하는 것을 고려해 보십시오. 최종 디자인은 다이아몬드가 밴드 내에서 안전하게 세팅된 상태에서 시각적으로 놀랍고 착용감이 편안해야 합니다. 이 반지를 착용할 수 있는 사람의 유형과 디자인이 그들의 개성과 스타일을 어떻게 반영할 수 있는지 생각해 보세요.

Design a unique engagement ring using 14k white gold, featuring an organic shape and a high - quality rendering of a white diamond. Consider incorporating elements of nature into the design, such as leaves or branches, to enhance the organic feel of the ring. The final design should be both visually stunning and comfortable to wear, with the diamond set securely within the band. Consider the type of person who might wear this ring and how the design can reflect their personality and style.

보석 컬렉션 반지 디자인

프롬프트 & 결과물

☞ 14k 화이트 골드와 은하의 선명한 색상을 반영하는 다양한 색상의 보석을 사용하여 놀라운 반지를 디자인합니다. 반지는 음의 공간에 대한 환상을 만들어내는 독특한 메쉬 디자인을 특징으로 해야 하며, 작품에 우수한 품질을 부여해야 합니다. 디자인은 단순하고 우아해야 하며, 선이 깨끗하고 보석과 그물망 사이의 상호 작용에 중점을 두어야 합니다. 최종 디자인은 착용감이 편안해야 합니다.

Design a stunning ring using 14k white gold and an array of multicolored stones that reflect the vibrant colors of the galaxy. The ring should feature a unique mesh design that creates the illusion of negative space, giving the piece and otherworldly quality. The design should be simple and elegant, with clean lines and a focus on the interplay between the stones and the mesh. The final design should be comfortable to wear and versatile enough to be dressed up or down, making it a perfect addition to any jewelry collection.

볼드한 미래 지향적 반지 디자인

프롬프트 & 결과물

☞ 14k 옐로우 골드와 선명한 루비 스톤을 사용하여 대담하고 미래적인 반지를 만듭니다. 디자인은 단순하면서도 인상적이어야 하며, 깨끗한 선과 미니멀리즘적인 미적 감각이 있어야 합니다. 기하학적 모양과 각도를 사용하여 현대적이고 엣지 있는 모양을 만드는 것을 고려해 보십시오. 루비 스톤은 빛을 포착하고 빛을 낼 수 있는 방식으로 디자인의 중심이 되어야 합니다. 최종 디자인은 착용자의 개성과 자신감을 표현할 수 있는 잠재력과 함께 시각적으로 인상적이고 착용하기 편안해야 합니다.

Create a bold and futuristic ring using 14k yellow gold and a vibrant ruby stone. The design should be simple yet impactful, with clean lines and a minimalist aesthetic. Consider using geometric shapes and angles to achieve a modern and edgy look. The ruby stone should be the centerpiece of the design, set in a way that allows it to catch the light and shine. The final design should be both visually striking and comfortable to wear, with the potential to become a statement piece that embodies the wearer's individuality and confidence.

이 외에도 Midjourney는 Blend, Parameters, 그리도 고도화된 프롬프트(Advanced Prompt)를 제공하기 때문에 더욱 세밀하고 정교한 작업이 가능합니다.

6장

Stable Diffusion은 무엇입니까?

< 6장 >

Stable Diffusion은 무엇입니까?

6.1. Stable Diffusion에 대하여

Stable Diffusion은 텍스트 입력을 고품질의 사실적 이미지로 변환하는 것을 전문으로 하는 혁신적인 생성 AI 모델입니다. 최첨단 잠재 텍스트 대 이미지 확산 기술을 활용하여, Stable Diffusion은 자연어 설명을 해석하고 입력된 텍스트를 정확하게 반영하는 시각적으로 우수한 예술 작품과 디자인을 생성할 수 있습니다.
Stable Diffusion은 2022년에 출시된 딥 러닝 텍스트 대 이미지 모델로서, 주로 텍스트 설명에 따라 세부 이미지를 생성하는 데 사용되며, 인페인팅, 아웃페인팅 및 텍스트 프롬프트에 의해 안내되는 이미지 대 이미지 변환 생성과 같은 다른 작업에도 적용할 수 있습니다. Stable Diffusion은 스타트업 스태빌리티 AI가 다수의 학술 연구원 및 비영리 단체와 협력하여 개발했습니다.

Stable Diffusion은 일종의 심층 생성 신경망인 **잠재 확산 모델(Latent Diffusion Model)**[21]입니다. 잠재 확산 모델(Latent Diffusion Model)은 최근에 발표된 안정적인 딥 러닝 기반 이미지 생성 모델 중 하나입니다. 이 모델은 생성적 적대 신경망(GAN,Generative Adversarial Networks) 및 **변이**

형 오토인코더(VAE,Variational Autoencoder)[22]와 같은 다른 생성 모델과는 달리 안정적인 학습 및 생성 과정을 제공하기 위해 딥 러닝과 물리학의 원리를 결합하였습니다. Stable Diffusion는 최소 8GB **VRAM**[23]을 갖춘 적당한 GPU가 장착된 대부분의 소비자 하드웨어에서 실행할 수 있습니다. 이는 클라우드 서비스를 통해서만 액세스할 수 있었던 DALL-E 및 Midjourney와 같은 이전의 독점적인 텍스트-이미지 모델에서 탈피한 것에 의의가 있습니다.

6.2. Stable Diffusion은 어떻게 동작합니까?

잠재적 확산 모델 Latent Diffusion Model(LDM)

Stable Diffusion은 잠재적 확산 모델(Latent Diffusion Model)입니다. 이 모델은 고차원 이미지 공간에서 작동하는 대신, 먼저 이미지를 잠재 공간으로 압축합니다. 잠재 공간은 원래 이미지보다 48배 작기 때문에, 더 적은 수의 숫자를 처리하여 계산 속도가 더욱 빠릅니다. 이를 통해 이미지 생성 작업에서 높은 수준의 안정성과 품질을 보장할 수 있습니다.

텍스트 이미지

Stable Diffusion은 텍스트로부터 이미지를 생성하는 기술로, 텍스트 프롬프트를 입력하면 해당 내용에 대응하는 이미지가 출력됩니다. 이후, 노이즈 예측과 같은 다양한 프로세스를 거쳐 점진적으로 선명하고 고품질의 이미지로 변환됩니다. 이러한 방식을 통해 텍스트-이미지 생성 작업이 보다 쉽고 빠르며 정확해질 수 있게 되었습니다.

디퓨전 프로세스와 노이즈 주입

Stable Diffusion에서의 디퓨전 프로세스는 초기 이미지에 노이즈를 주입하고, 텍스트 임베딩의 안내를 받아 점진적으로 텍스트 대상 이미지로 변환하는 과정입니다. 입력 텍스트를 기반으로 노이즈를 반복적으로 적용하고 이미지를 조정함으로써, 모델은 텍스트 설명을 시각적으로 나타내는 최종 이미지로 출력되게 됩니다.

최적화 및 수렴

Stable Diffusion 모델은 일련의 반복을 통해 파라미터를 최적화하여 입력 텍스트를 기반으로 생성된 이미지와 예상 출력 간의 차이를 최소화합니다. 모델의 매개 변수를 점진적으로 조정함으로써 Stable Diffusion은 주어진 텍스트 설명을 정확하게 표현하는 고품질, 사실적인 이미지를 생성하게 됩니다.

Stable Diffusion의 **디퓨전 프로세스와 노이즈 주입**[24] 단계에서, 초기 이미지에 노이즈를 주입하는 것 외에도, 노이즈를 추가적으로 주입하는 경우도 있습니다. 이는 모델이 더 많은 변형성과 다양성을 갖는 이미지를 생성할 수 있도록 도와줍니다. 또한, 최적화 및 수렴 단계에서는 다양한 최적화 방법을 사용하여 모델의 학습을 최적화하고, 모델이 텍스트-이미지 생성 작업에서 높은 성능을 발휘할 수 있도록 돕습니다. 이러한 추가적인 기법들은 Stable Diffusion 모델이 텍스트-이미지 생성 분야에서 최신 기술 중 하나로 자리 잡게 된 이유 중 하나입니다.

6.3. Stable Diffusion 실제 사례

<Stable Diffusion의 Playground>

추상 이미지 생성

프롬프트 & 결과물

☞ 밝은 색과 유동적인 모양이 뒤엉켜 있는 기쁨의 느낌을 추상적으로 표현한 것입니다.

It's an abstract expression of a feeling of joy, a combination of bright colors and fluid shapes.

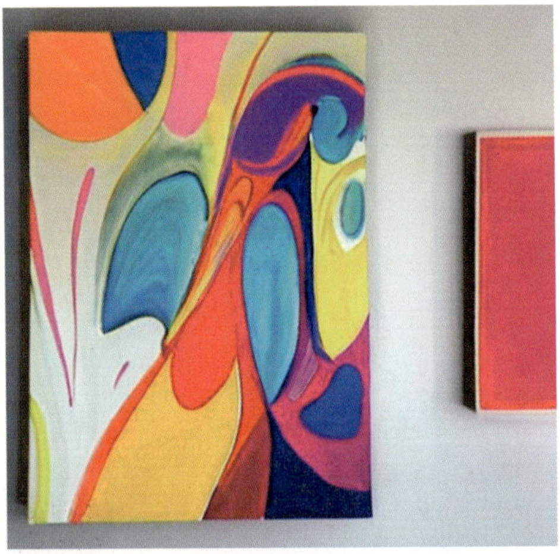

사실적 이미지 생성

프롬프트 & 결과물

☞ 고요한 호숫가의 작은 나무 오두막, 키 큰 소나무로 둘러싸인 고요한 풍경, 황금빛 노을이 질 때 배경으로 웅장한 산맥

A small wooden hut by a tranquil lake, a tranquil landscape surrounded by tall pine trees, and a magnificent mountain range against the backdrop of a golden sunset

다양한 크리에이티브 작업

드레스 디자인

프롬프트 & 결과물

☞ 군데군데 투명하고 보석 무늬가 있는 밝은 색의 천으로 만든 꽃잎으로 만든 트레인이 달린 긴 웨딩 드레스. 흰색 얇은 실의 복잡한 무늬. 하트 모양 네크라인 벨라인 원피스 판타지. 명확한 세부 사항

a long wedding dress with a train made of flower petals made of light - colored fabric. transparent in places, patterns of precious stones. intricate patterns of white thin threads. fantasy. clear details

프롬프트 & 결과물

☞ 이 정장 드레스, 공식 행사용, 드레스는 풀 슬리브 오프 숄더 스윗하트 네크라인, A라인 실루엣, 스윕 트레인으로 흐르며 몸매를 돋보이게 해줍니다. 무도회에 완벽한 드레스

This formal dress, for formal occasions, dress features a full sleeve off shoulder sweetheart neckline, an A-line silhouette and a sweep train to flatter your figure. The perfect dress for prom

자동차 디자인

프롬프트 & 결과물

☞ 공상 과학 자동차, 자하 하디드 스타일, 초고세부 초현실주의

sci-fi cars, zaha Hadid style, ultra high detail, ultra hyper realism

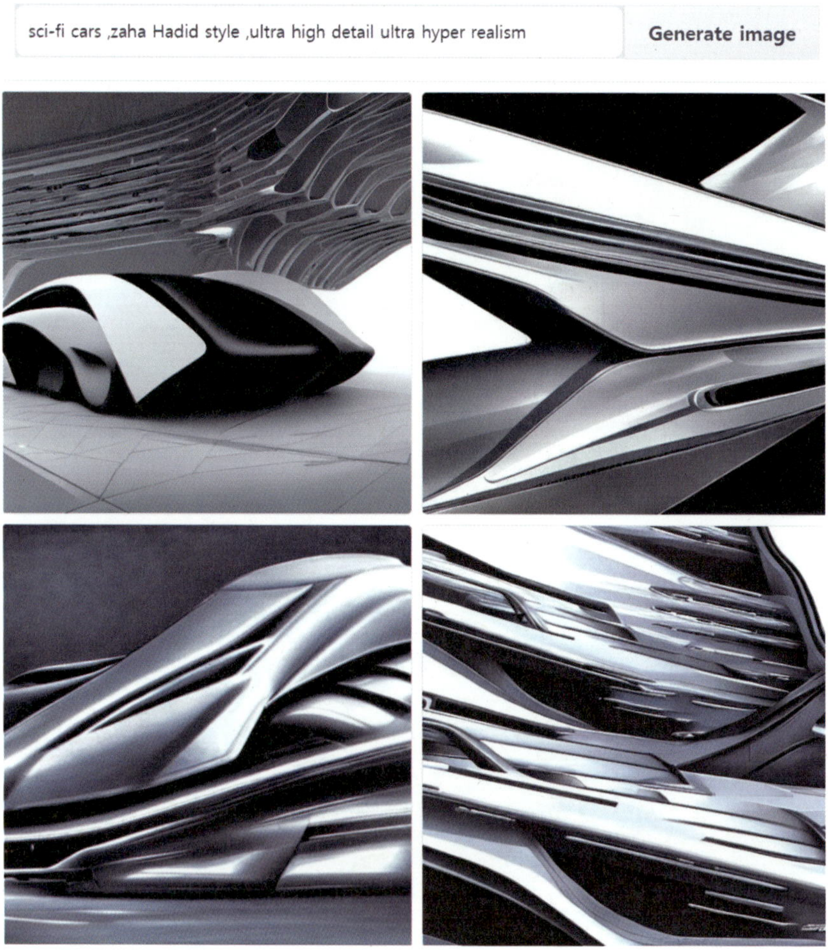

패턴 디자인

프롬프트 & 결과물

☞ 원단 패턴 디자인, 자연과 원형의 혼합, 멀티 칼라, 긍정적 에너지

fabric pattern design, mixture of nature and circle, multi color, positive energy

가방 디자인

프롬프트 & 결과물

☞ 플라스틱 디자이너 가방, 무지개 색, 패션 촬영, 사실적, 판타지, 아트스테이션, 스튜디오 사진

a plastic designer bag, iridescent color, fashion shooting, photorealistic, fantasy, artstation, studio photo

7장

생성 AI가 결합을 한다면?

< 7장 >

생성 AI가 결합을 한다면?

7.1. 생성 AI 모델과의 결합

ChatGPT, Midjourney, DALL-E 및 Stable Diffusion과 같은 다양한 AI 모델을 결합하여 장점을 잘 활용한다면 향상된 결과를 얻을 수 있습니다. 모델을 결합함으로써 광범위한 작업을 처리하고 보다 정교한 출력을 생성할 수 있게 됩니다.

ChatGPT X Midjourney

최첨단 대화형 AI인 ChatGPT와 텍스트-이미지 합성 모델인 Midjourney를 결합하면 사용자가 텍스트 설명을 기반으로 특정 이미지를 요청할 수 있는 대화형 애플리케이션을 만들 수 있습니다. 예를 들어, 사용자는 ChatGPT에 '야자 나무가 있는 해변' 이미지를 생성해 달라고 할 수 있고, 시스템은 Midjourney를 사용하여 해당 이미지를 생성합니다. 이러한 시너지 효과는 광고, 그래픽 디자인 및 디지털 아트와 같은 창의적인 분야에서 특히 유용할 수 있습니다.

한 광고 대행사가 여행사를 위한 새로운 광고 캠페인을 진행하고 있습니다. 팀은 ChatGPT를 사용하여 캠페인을 위해 'Escape to Paradise' 또는 'Discover Hidden Gems'와 같은 태그라인을 브레인스토밍 합니다. 태그라인을 선택하면 '수정처럼 맑은 물이 있는 깨끗한 해변의 야자수 사이의 해먹에서 휴식을 취하는 커플'과 같은 텍스트 설명을 Midjourney에 제공합니다 Midjourney는 설명과 일치하는 시각적으로 인상적인 이미지를 생성하여 캠페인에 사용할 수 있습니다.

ChatGPT X DALL-E

또 다른 텍스트-이미지 합성 모델인 DALL-E와 ChatGPT를 통합하면 훨씬 더 고급 응용 프로그램을 만들 수 있습니다. DALL-E는 ChatGPT의 입력을 기반으로 시각적으로 매력적인 이미지를 제공하여 사용자가 자연어를 통해 아이디어를 전달하고 결과물로써 시각적 표현을 얻을 수 있습니다. 이러한 조합은 사용자가 아이디어를 빠르게 반복하고 개념을 시각화할 수 있는 게임 개발, 애니메이션 및 인테리어와 같은 산업에 유용할 수 있습니다.

한 게임 개발자가 새로운 판타지 게임을 개발하고 있으며 게임 세계를 위한 다양한 생물체를 만들어야 합니다. ChatGPT을 사용하여 '빛나는 눈을 가진 깃털 달린 뱀' 또는 '등껍질에 크리스탈 스파이크가 있는 크고 갑옷을 입은 거북'과 같은 독특한 생물체에 대한 아이디어를 만들어냅니다. 그런 다음 DALL-E에 이러한 설명을 제공합니다. DALL-E는 시각적으로 매력적이고 다양한 생물체 디자인을 생성하여 개발자가 개발을 진행할 때 작업물로 이용할 수 있습니다.

Midjourney X DALL-E X Stable Diffusion

Midjourney, DALL-E 및 Stable Diffusion의 장점을 결합하여 사용자는 다목적의 포괄적인 이미지 생성 툴킷을 만들어 볼 수 있습니다. 추상적인 이미지, 스타일화 된 이미지 또는 사진과 같은 원하는 출력에 따라 가장 적합한 모델을 선택할 수 있습니다. 이 통합 플랫폼은 다양한 산업 전반에 걸쳐 다양한 창의적 산출물을 만들 수 있으며, 따라서 시간과 인력과 같은 리소스를 절약할 수 있게 합니다.

한 그래픽 디자이너가 다양한 스타일과 사실적인 일러스트레이션을 필요로 하는 프로젝트를 진행하고 있습니다. Midjourney를 사용하여 '휘황찬란한 색상과 대담한 모양을 가진 기하학적 풍경'과 같은 설명을 기반으로 추상적이고 예술적인 시각을 만듭니다. 좀 더 세련되고 삽화적인 이미지의 경우 DALL-E에 '환상적인 생물과 빛나는 식물이 있는 기이한 숲 장면'과 같은 설명을 추가합니다. 그리고 마지막으로, 사실적인 이미지의 경우 '사람들이 걷고, 차가 지나가고'와 같은 설명과 함께 Stable Diffusion을 사용합니다. 디자이너는 각 모델의 장점을 활용하여 프로젝트의 요구 사항을 충족하는 다양한 시각 자료 세트를 만들 수 있습니다.

ChatGPT, Midjourney, DALL-E, Stable Diffusion과 같은 AI 모델을 결합하면 더 정교한 이미지 생성이 가능해짐으로써 사용자 경험을 향상시킬 수 있습니다. 각 모델의 고유한 강점과 기능을 활용함으로써 사용자는 다양한 작업을 처리하고 특정 요구에 맞춘 정교한 출력을 생성할 수 있는 보다 다용도의 강력한 시스템으로 활용할 수 있을 것입니다.

7.2. 도메인 간의 결합

교차 도메인 어플리케이션은 ChatGPT, Midjourney 및 DALL-E와 같은 AI 모델을 사용하여 여러 도메인 또는 산업에 걸쳐 있는 작업과 과제를 해결하는 것을 말합니다. 이러한 모델을 통합함으로써 사용자는 각 모델의 장점을 활용하여 자연어 이해, 이미지 생성 및 상황 인식의 조합이 필요한 복잡한 문제를 해결하는 강력한 솔루션으로 만들어 낼 수 있습니다.

교차 도메인 애플리케이션의 예는 다음과 같은 것이 있을 수 있습니다.

교육 도구

ChatGPT를 Midjourney 또는 DALL-E와 결합하면 텍스트와 시각을 모두 통해 학습을 촉진하는 대화형 교육 도구를 만들 수 있습니다. 학생들은 특정 주제에 대한 질문을 할 수 있으며, 시스템은 Midjourney 또는 DALL-E가 생성한 관련 이미지와 함께 ChatGPT의 텍스트 설명을 제공하여 이해도를 높일 수 있습니다.

콘텐츠 작성

콘텐츠 제작 분야에서 ChatGPT를 이미지 합성 모델과 통합하면 기사, 소셜 미디어 게시물 또는 마케팅 자료를 생성하는 프로세스를 간소화할 수 있습니다. 사용자는 원하는 컨텐츠에 대한 간단한 설명을 제공할 수 있으며, 결합된 시스템은 적합한 텍스트와 함께 첨부된 시각 자료를 생성하여 원활한 컨텐츠 생성 자동으로 할 수 있게 됩니다.

가상 현실 및 게임

가상 현실 및 게임 산업에서 Midjourney 및 DALL-E와 같은 이미지 합성 모델과 ChatGPT를 결합하면 몰입형 대화형 환경을 개발할 수 있습니다. 사용자는 자연어를 통해 원하는 설정이나 캐릭터를 설명할 수 있으며, 시스템은 풍부하고 매력적인 경험을 만들기 위해 해당 시각적 요소를 생성할 수 있습니다.

디자인 협업

교차 도메인 애플리케이션은 또한 건축, 인테리어 디자인 및 패션과 같은 산업에서 디자이너와 고객 간의 협업을 촉진할 수 있습니다. 고객은 자연어를 사용하여 원하는 개념이나 선호도를 설명할 수 있으며, 통합 시스템은 ChatGPT를 사용하여 요구 사항을 이해하고 Midjourney 또는 DALL-E를 사용하여 관련 시각화를 생성하여 커뮤니케이션 및 프로세스를 간소화할 수 있습니다.

과학적 시각화

과학 연구 분야에서 언어 이해와 이미지 합성 모델을 결합하면 연구자들이 복잡한 개념, 데이터 또는 현상을 시각화하는 데 도움이 될 수 있습니다. 자연어를 사용하여 원하는 시각화를 설명함으로써, 연구자들은 통합된 시스템을 사용하여 연구 결과를 전달하고 이해를 향상시키는 데 도움이 되는 이미지를 생성할 수 있습니다.

7.3. 가능한 도메인 간의 결합 모델 예시

교차 도메인 애플리케이션은 ChatGPT, Midjourney 및 DALL-E를 결합함으로써 사용자는 각 모델의 고유한 강점을 활용하여 다양한 산업에서 복잡한 문제를 해결하는 혁신적인 솔루션을 개발할 수 있습니다. 이러한 통합 시스템은 사용자 경험을 향상시킬 뿐만 아니라 문제 해결의 효율성을 매우 향상시킬 수 있을 것입니다. 다음은 생각해 볼 수 있는 예시입니다.

개인화된 디지털 스토리북

어린이 교육 전문으로 ChatGPT와 DALL-E를 결합하여 어린이를 위한 개인화된 디지털 스토리북을 만들 수 있습니다. 통합 AI 시스템은 부모에게 자녀의 관심사, 좋아하는 캐릭터 및 설정에 대한 정보를 제공하도록 요청함으로써 각 자녀에게 맞는 독특하고 매력적인 이야기를 생성하게 합니다. ChatGPT는 텍스트를 제공하고 DALL-E는 텍스트에 맞는 일러스트레이션을 생성하여 아이들의 읽기 능력을 향상시키고 상상력을 자극하는 상호 작용적이고 몰입할 수 있는 학습 경험을 만들 수 있습니다.

가상 인테리어 디자인 컨설팅

인테리어 디자인 솔루션으로써, 인테리어 디자인을 위한 가상 상담을 제공하기 위해 ChatGPT와 Stable Diffusion의 결합을 통해 솔루션을 제공해 보았습니다. 고객은 AI 시스템과 대화하여 자신의 선호도를 설명하고 생활 공간에 대한 아이디어를 설계하게 됩니다. ChatGPT는 고객의 요구 사항을 이해하고 Stable Diffusion을 사용하여 제안된 설계의 사실적 이미지를 생성합니다. 이러한 접근 방식을 통해 비대면으로 개인화된 맞춤형 디자인 서비스를 제공할 수 있게 됩니다.

아트 테라피 모바일 앱

Midjourney와 ChatGPT를 활용하여 사용자들이 디지털 아트를 통해 감정을 표현할 수 있도록 돕는 아트 테라피 모바일 앱을 개발해 보겠습니다. 사용자는 AI와 대화하여 자신의 감정이나 감정을 논의할 수 있으며, ChatGPT는 사용자의 감정 상태를 반영하는 추상적인 예술 개념을 제안할 수 있습니다. Midjourney는 이러한 개념을 기반으로 추상적인 이미지를 생성하여 사용자가 창의적이고 비 언어적인 방식으로 자신의 감정을 탐색할 수 있도록 하여 자기 표현과 감정 치유를 촉진할 수 있습니다.

정책 입안자를 위한 환경 데이터 시각화

기후 변화에 대해 연구하고 기후 조치를 위한 입안 자료를 만들기 위해 ChatGPT와 DALL-E를 결합하여 정책 입안자를 위한 효과적인 데이터 시각화를 만들 수 있습니다. 복잡한 과학 보고서를 처리하고 핵심 내용을 추출하기 위해 ChatGPT을 사용한 다음, DALL-E는 이러한 내용을 바탕으로 시각적으로 유익한 그래픽을 생성하기 위해 사용할 수 있으며, 이는 기후 조치의 긴급성을 정책 입안자와 일반 대중에게 전달하는 데 도움이 될 수 있습니다.

이러한 가능성 있는 예는 ChatGPT, Midjourney, DALL-E 및 Stable Diffusion 같은 AI 모델의 통합이 어떻게 혁신적인 솔루션을 창출하고 다양한 산업에 긍정적인 변화를 가져올 수 있는지 예상해 볼 수 있게 합니다. 각 모델의 고유한 강점과 기능을 결합하여 사용자는 복잡한 문제를 해결하고 사용자 경험을 개선하며 각 분야의 발전에 기여할 수 있습니다. 물론 더욱 매끄럽고 고도의 결합을 위해서는 추가적인 작업들이 더 필요합니다. 그렇지만 이러한 가능한 결합으로 앞으로 비즈니스 영역에서 더욱 개인화, 맞춤화된 서비스 제공이 가능해질 것으로 보입니다.

8장

생성 AI 결합의 실제 예시 및 실습

- 가상 인테리어 디자인 컨설팅 솔루션 -

< 8장 >

생성 AI 결합의 실제 예시 및 실습

- 가상 인테리어 디자인 컨설팅 솔루션

이번 장에서는 생성 AI 결합을 통한 솔루션을 실제로 개발해 보고 실습해 보도록 하겠습니다. 자세한 설명을 쓰고자 노력하였지만, 지면상 다소 이해가 되지 않는 부분은 오른쪽 QR코드로 접속해 주시면, 강좌를 통해 더욱 자세한 설명을 들으실 수 있습니다.

이번 장에서는 'ChatGPT와 DALL-E를 결합'한 '가상 인테리어 디자인 컨설팅' 솔루션을 'Gmail 및 GPT와 DALL-E를 사용한 작업 자동화 방법'과 '코딩으로 파이썬과 OpenAI API를 사용한 구글 코랩(Google Colab)의 실제 예제' 두 가지 방법으로 배워보도록 하겠습니다.

8.1. 준비 작업: OpenAI 가입 및 API 키 생성

OpenAI를 사용하여 자동화 시스템과 코딩 방법으로 실제 솔루션을 만들기 위해서는 OpenAI 계정에 가입한 후 API 키를 생성해야 합니다.

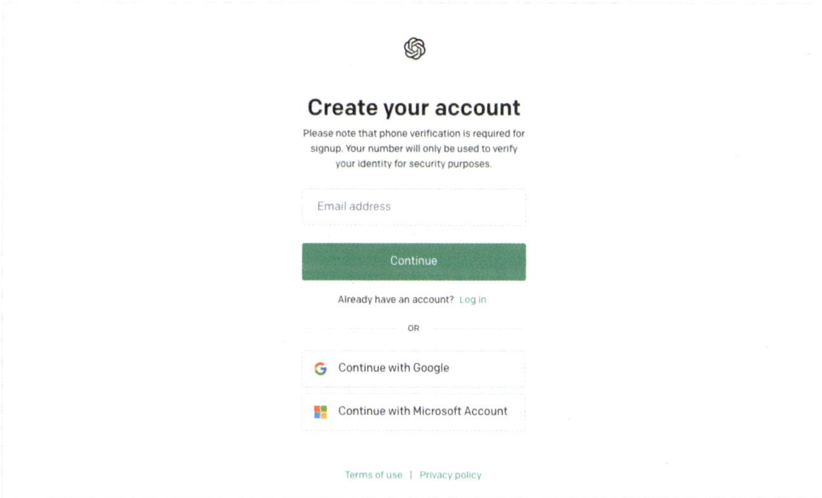

<OpenAI 메인 화면>

https://platform.openai.com에 접속하게 되면 OpenAI의 메인 화면을 볼 수 있습니다. 여기에서 가입을 진행하면 됩니다.

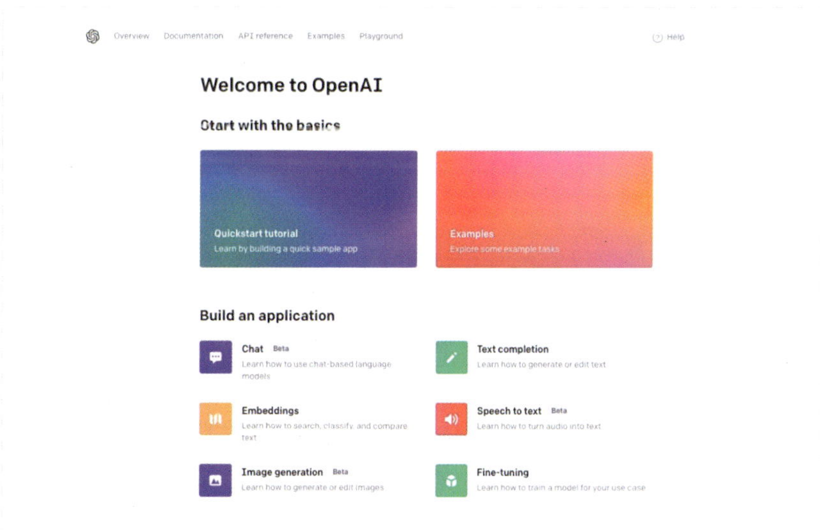

<OpenAI 플랫폼 홈페이지>

가입 후 OpenAI 플랫폼 홈페이지에 들어가게 되면 이미지 생성 및 채팅과 같은 OpenAI 모델의 사용 사례가 다수 포함되어 있습니다.

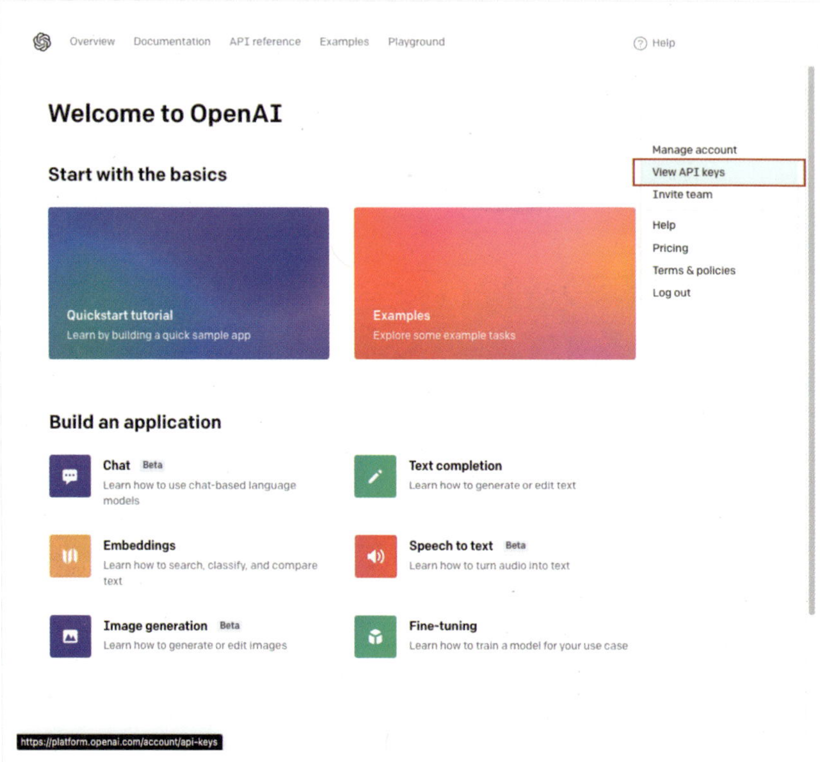

❶ OpenAI의 API를 사용하려면 API 키를 생성해야 합니다.

❷ 'View API keys' 버튼을 클릭하세요.

❸ OpenAI의 API 사용에는 비용이 발생합니다. API를 사용하려면 카드 정보를 등록해야 합니다. 카드 등록 세션으로 가셔서 반드시 카드 등록을 마친 후에 다음 과정으로 넘어가시면 됩니다.

앞 단계를 다 하셨으면, API 키를 관리할 수 있는 페이지로 접속합니다.

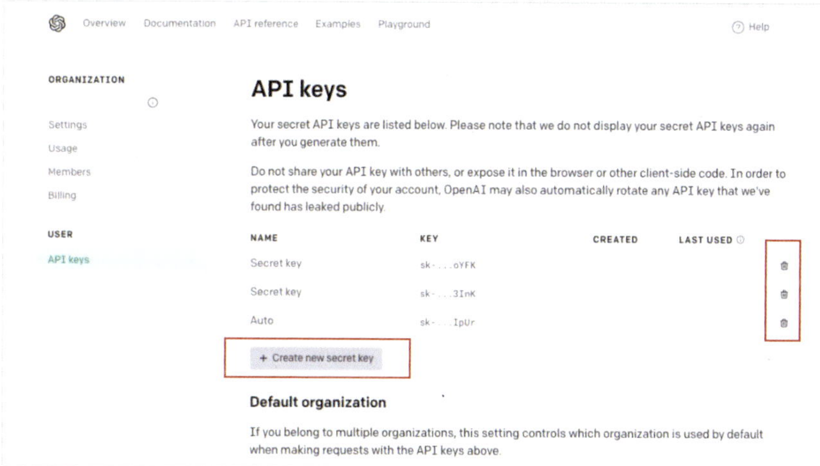

<API 키를 관리하는 페이지>

❹ 'Create new secret key'를 클릭하여 새 키를 만들 수 있습니다.

❺ 나중에 삭제하려면, 키 오른쪽의 'garbage bin' 이미지를 클릭하세요

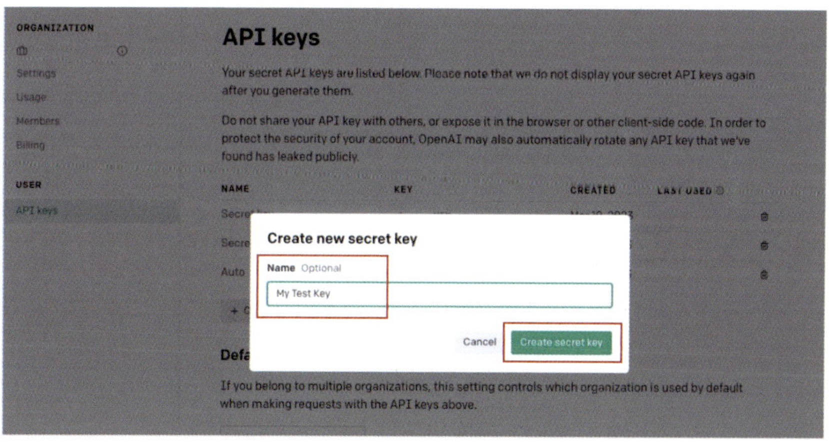

❻ API 키에 이름을 지정하세요. 어떤 이름이든 괜찮지만, 간단하게 'My Test Key'로 설정하겠습니다.

❼ 'Create secret key' 버튼을 클릭하여 저장하세요.

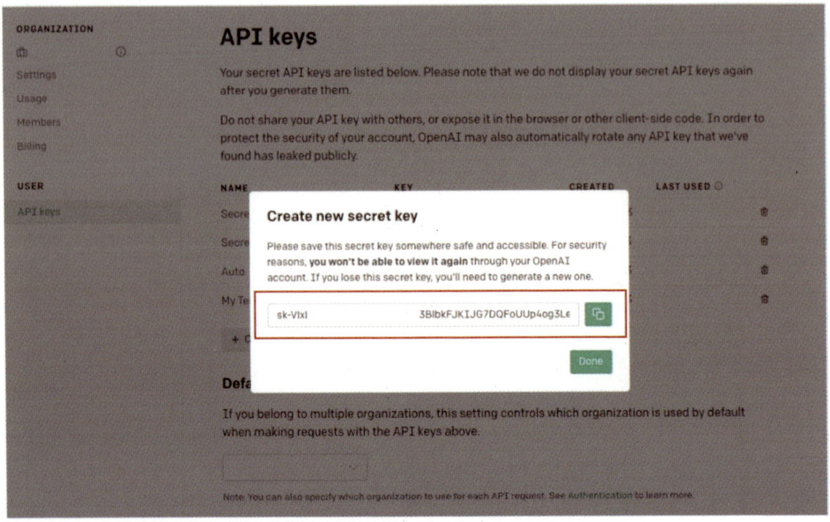

❽ 키를 생성했습니다. 이 키는 나중에 찾을 수 있는 곳에 복사해 둬야 합니다. 컴퓨터의 '메모장'에 복사해 둡니다. 나중에 사용할 것이기 때문에 키를 잘 복사해 두세요.

8.2. 자동화 방법 배우기

Gmail 및 ChatGPT와 DALL-E를 사용하여 가상 인테리어 디자인 컨설팅 솔루션 만들기

앞서 API 키 발급이 끝났기 때문에, 본격적으로 ChatGPT와 DALL-E를 사용하여 가상 인테리어 디자인 컨설팅 솔루션 만들기를 해보도록 하겠습니다.

자동화를 위해서 작업을 쉽게 수행할 수 있는 https://make.com을 통해서 작업을 해보도록 하겠습니다.

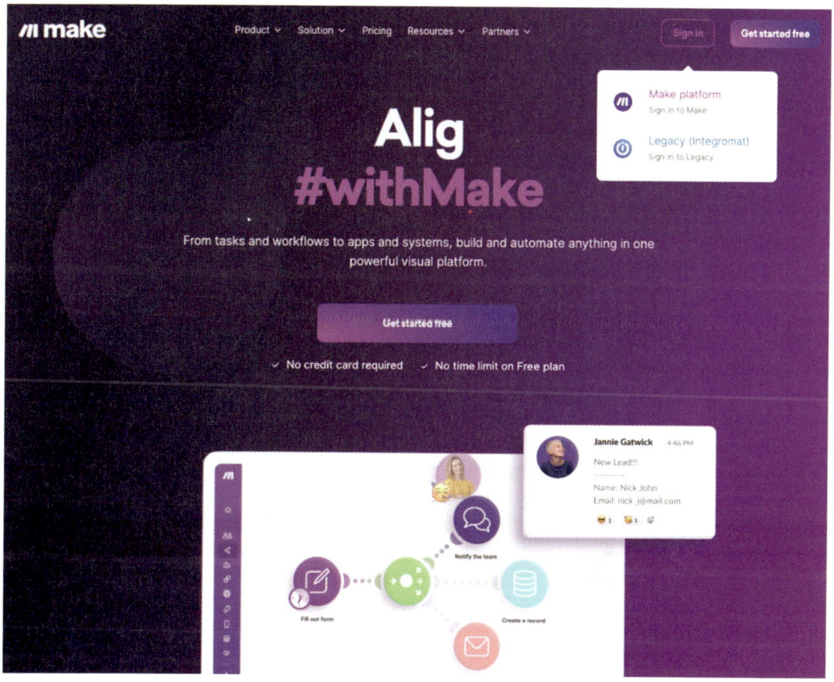

<make.com 사이트 메인>

Make.com은 코딩 또는 프로그래밍 기술 없이 다양한 웹 응용 프로그램과 서비스를 연결하고 자동화할 수 있는 웹 기반 서비스입니다.

이 사이트를 사용하여 ChatGPT와 DALL-E를 결합한 솔루션으로 가상 인테리어 디자인을 자동화하는 워크플로우를 만들어 보도록 하겠습니다.

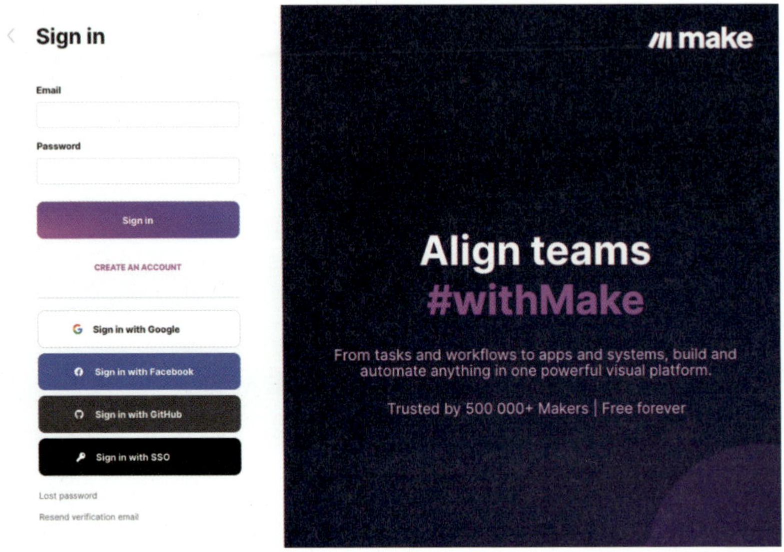

<회원 가입 페이지>

❶ 먼저 회원 가입부터 시작해 봅시다. 원하는 방법으로 회원 가입을 완료해 주세요.

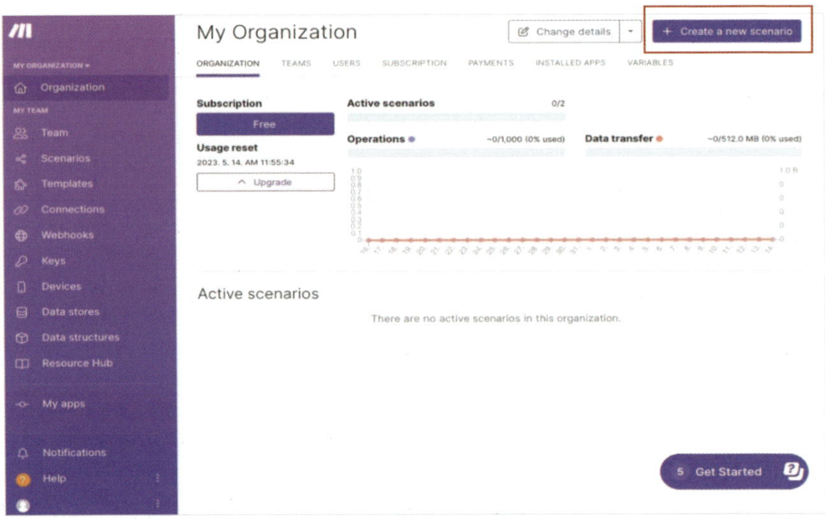

위의 페이지를 통해 사용량에 대한 일반적인 통계를 볼 수 있습니다.

❷ 자동화를 구축하기 위해 오른쪽 상단의 'Create a new scenario' 버튼을 클릭해 보겠습니다.

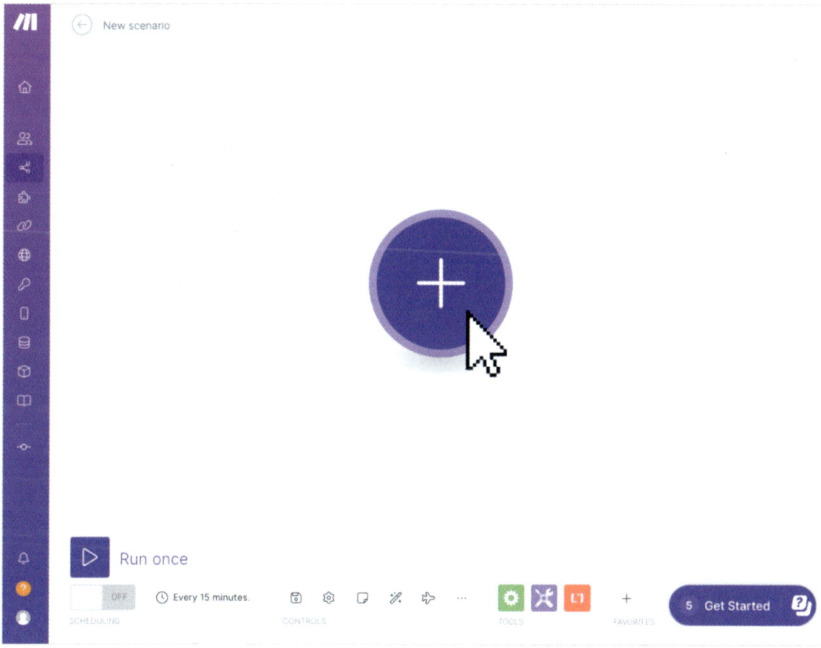

❸ 모듈을 추가하려면 + 기호를 클릭하고 서로 연결하여 자동화 플로우를 생성할 수 있습니다.

❹ 이러한 플로우는 각각의 모듈이 결합되어 원하는 작업을 수행하도록 구성됩니다. 따라서 우리는 내용 입력 ➡ 프롬프트 생성 ➡ 프롬프트 출력 ➡ 산출물 전송의 플로우로 Gmail ➡ DALL-E X ChatGPT ➡ DALL-E X ChatGPT ➡ Gmail의 모듈을 셋팅해서 자동화 솔루션을 만듭니다.

❺ 각 모듈에는 특별한 설정이 있습니다. 예를 들어 Gmail 모듈을 사용하려면 특정 키워드가 포함된 새 이메일을 확인할 수 있도록 선택할 수 있습니다. 이 키워드의 셋팅은 다음 모듈이 자동화 처리될 때 필터링할 수 있도록 하기 때문에 원하는 단어로 설정을 하도록 합니다. 그런 다음 이 데이터는 플로우의 다음 모듈로 전달되어 처리됩니다.

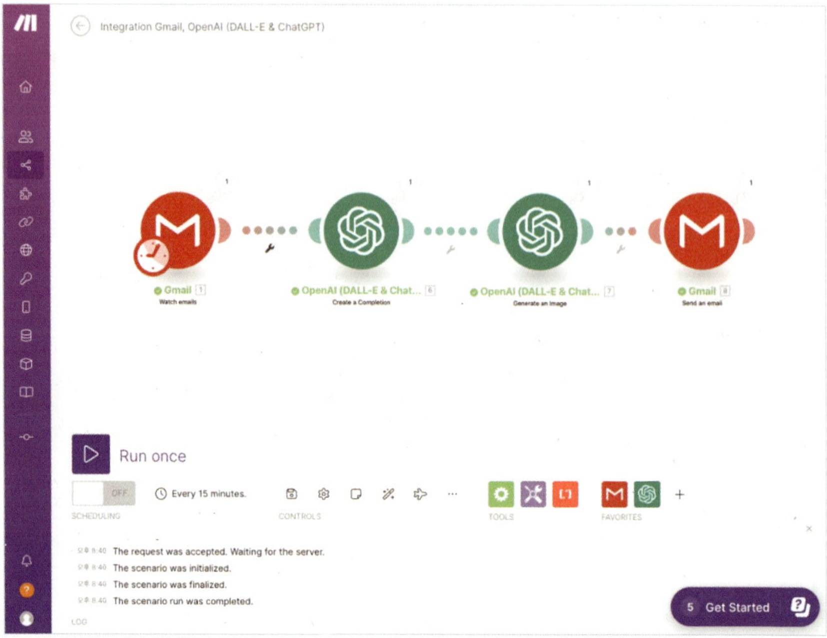

❻ 가상 인테리어 디자인 컨설팅 자동화를 위한 간단한 자동화 모듈을 설정한 모습입니다. 이런 식으로 플로우를 완성할 수 있습니다. 중간중간에 설정값, 프롬프트 등 상세한 설명은 추가 강좌를 통해 확인해 보세요.

❼ 고객이 요청을 보내면 자동화된 솔루션이 고객이 요청한 인테리어 디자인을 만들어 이미지를 만들고 고객에게 다시 보냅니다.

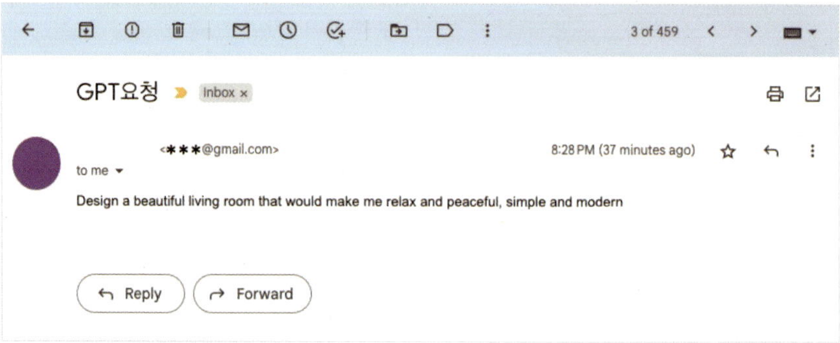

<고객의 요청 이메일>

❽ 고객이 보낸 요청입니다. 앞서 키워드 설정값을 'GPT 요청'으로 해 두었습니다. 따라서 자동화 시스템은 메일 제목에서 'GPT 요청' 키워드를 찾습니다. 찾으면 다음과 같이 작동합니다.

ⓐ 메일 본문 텍스트는 GPT에게 프롬프트 생성을 위해 전송됩니다.

ⓑ GPT는 DALL-E로 이미지 생성을 위한 프롬프트를 생성합니다.

ⓒ DALL-E는 디자인 이미지를 생성합니다.

ⓓ 마지막으로, 이미지가 고객에게 다시 전송됩니다.

❾ 자동화를 통해 ChatGPT가 생성한 출력 프롬프트를 확인할 수 있습니다. 이 프롬프트는 고객의 요청 사항에 따라 새롭게 생성됩니다.

```
OUTPUT
⊖ Bundle 1: (Collection)
      ID: chatcmpl-76eHRsfgAhiZlON
      Object: chat.completion
      Created: 2023년
      Model: gpt-4-0314
   ⊖ Usage: (Collection)
         prompt_tokens: 206
         completion_tokens: 57
         total_tokens: 263
   ⊖ Choices: (Array)
      ⊖ 1 (Collection)
         ⊖ Message: (Collection)
               role: assistant
               content: Design a minimalist, modern living room with
                        soothing color palette, incorporating elements
                        that evoke relaxation and peace, such as
                        comfortable seating, soft textures, and natural
                        light, with a focus on clean lines, uncluttered
                        spaces, and subtle accents to create a
                        harmonious and contemporary atmosphere.
            Finish reason: stop
            Index: 0
```

<자동화를 통해 생성된 OpenAI 모듈의 출력 프롬프트>

❿ 자동화를 통해 생성된 프롬프트는 DALL-E 모델로 자동으로 보내지고 모델이 생성한 이미지 링크를 ChatGPT는 이메일로 산출물을 보내게 됩니다.

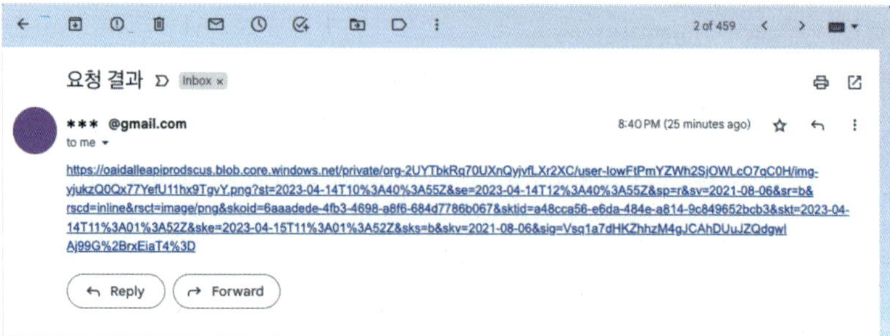

<요청 결과 산출물의 이메일 답변>

⓫ 제공한 URL을 따라 들어가면 고객은 다음과 같은 결과값을 받을 수 있습니다.

<최종 산출물>

8.3. 코딩으로 ChatGPT X DALL-E 결합하기

파이썬과 OpenAI API를 사용한 구글 코랩의 실제 예제 – 가상 인테리어 디자인 컨설팅 솔루션

다음으로 앞서 자동화로 진행했던 같은 예제인 가상 인테리어 컨설팅 솔루션을 파이썬과 OpenAI API를 이용한 코딩의 방법으로 실습해 보도록 하겠습니다.

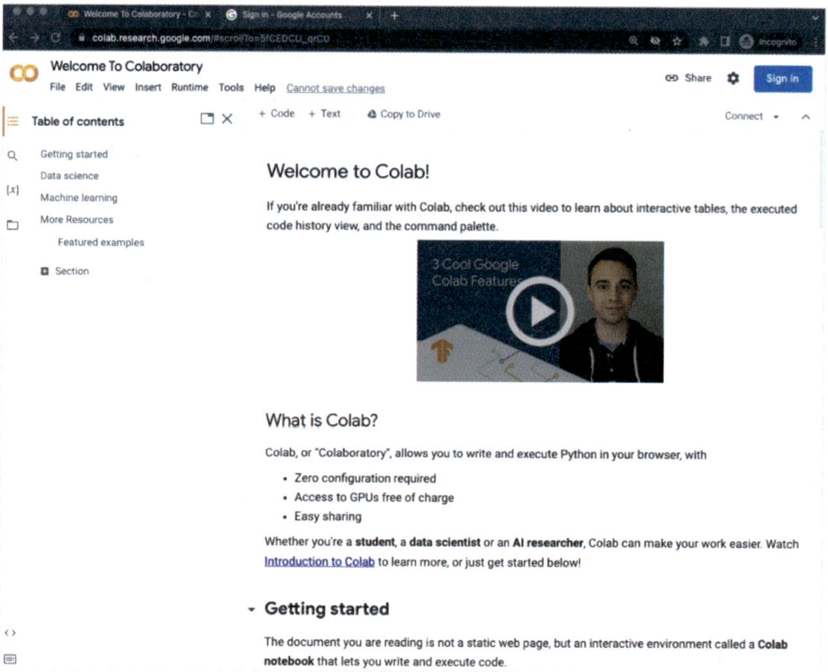

<Google Colab 메인 페이지>

❶ https://colab.research.google.com/에 접속합니다.

구글 코랩(Google Colab)은 파이썬 코드를 작성하고 실행할 수 있는 무료 온라인 플랫폼입니다. 특히 머신 러닝과 관련된 작업을 할 때 유용하며, 컴퓨터에 별도의 소프트웨어를 설치할 필요 없이 브라우저에서 작업이 가능합니다. 또한 다른 사용자와 함께 작업할 수 있고, 강력한 하드웨어 자원에 액세스하여 머신 러닝 계산을 더욱 빠르게 수행할 수 있습니다.

❷ 새 노트북을 시작하려면 '파일(File)' ➞ '새 노트북(New notebook)'을 클릭하세요.

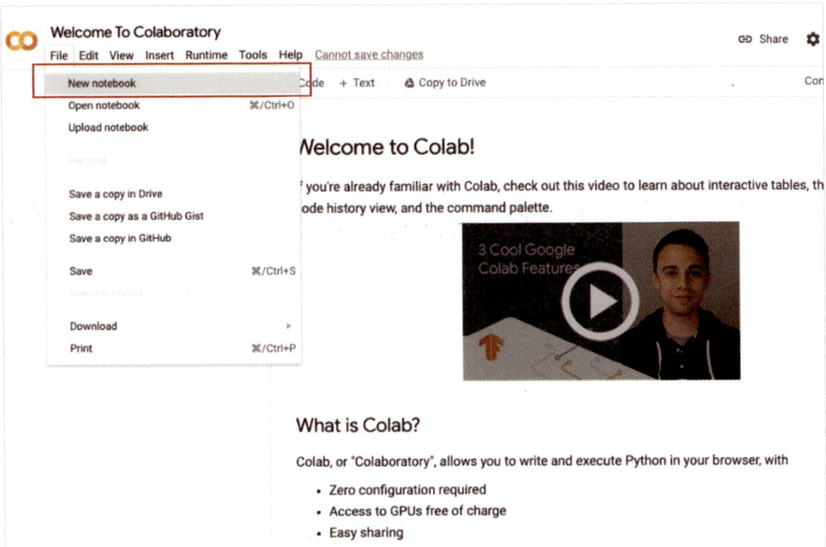

❸ 로그인 하려면 구글 계정을 사용해야 합니다.

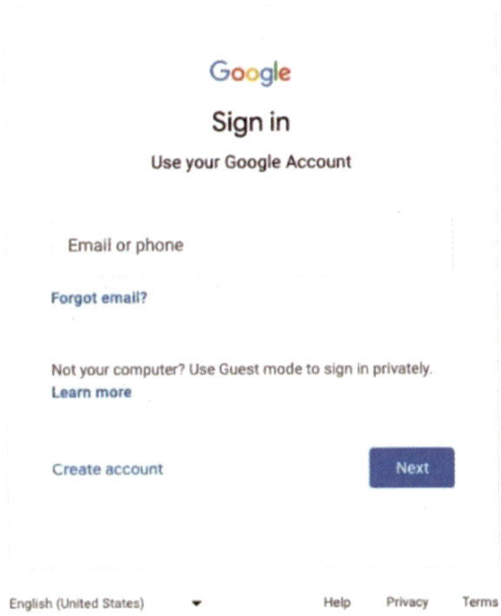

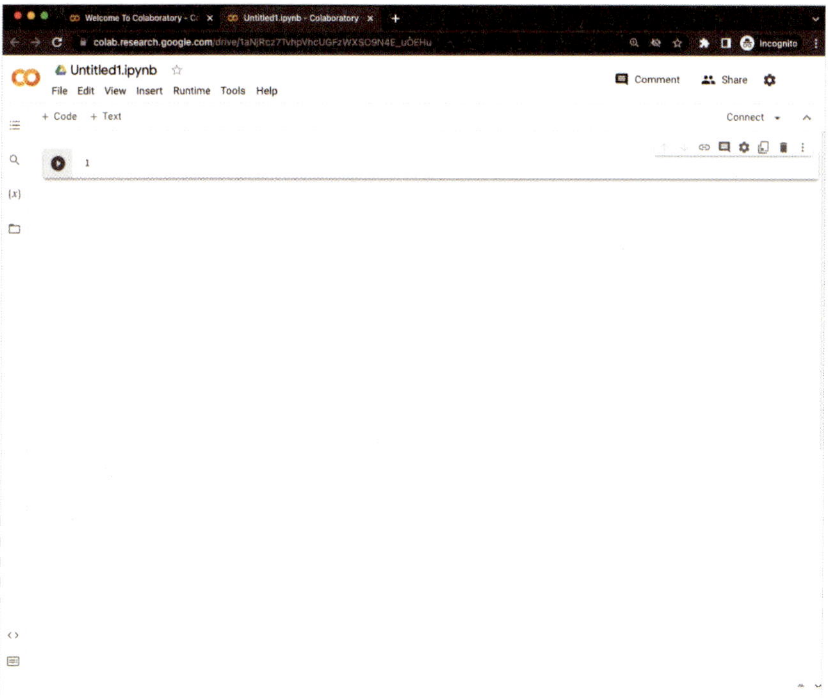

● 구글 코랩의 새 노트북 기능은 몇 번의 클릭으로 프로젝트를 위한 새로운 파이썬 노트북을 만들 수 있습니다. 새 노트북을 열면, 제공된 셀에 파이썬 코드를 입력하고 실행할 수 있습니다. 이 셀은 개별적으로 또는 함께 코드 스니펫을 입력하고 실행할 수 있는 텍스트 상자와 유사합니다. 프로젝트를 문서화하고 코드를 설명하기 위해 텍스트, 이미지 및 기타 미디어를 노트북에 추가할 수도 있습니다.

또한 코랩은 TensorFlow와 같은 머신 러닝 프레임워크를 비롯한 다양한 라이브러리에 액세스할 수 있어 빠르게 시작할 수 있습니다. 작업을 완료한 후에는 노트북을 구글 드라이브에 저장하여 쉽게 액세스하고 공유할 수 있습니다.

```python
# OPENAI Library 설치가 필요함.
%%capture
!pip install openai
```

```python
# 여기서 OPENAI 에서 발급받은 키를 설정한다. API 사용시 이 키가 꼭 필요함.
OPENAI_API_KEY="<여기로 OPENAI에서 발급 받은 API 키 입력>"
```

```python
# GPT API 코드. GPT에게 요청을 보낼때 이 함수를 이용한다.
def gpt(system, prompt, model="gpt-4"):
    """
    GPT API를 사용하여 주어진 시스템과 prompt에 대한 응답을 생성합니다.

    Parameters:
    -----------
    system (str): 응답을 생성할 시스템의 이름입니다.
    prompt (str): 시스템에게 전달할 텍스트 prompt입니다.
    model (str): 사용할 GPT 모델의 이름입니다. 기본값은 'gpt-4'입니다.

    Returns:
    --------
    completion: 생성된 응답을 담은 openai.ChatCompletion 객체입니다.
    """
    import os
    import openai
    openai.api_key = OPENAI_API_KEY

    messages = [
                {"role": "system", "content": f"{system}"},
                {"role": "user", "content": f"{prompt}"}
               ]

    completion = openai.ChatCompletion.create(
      model=model,
      messages=messages,
      temperature=0.5,
    )

    return completion
```

```python
# DALL-E API 코드
def dalle(prompt, number_of_images=1):
    """
    DALL-E API를 사용하여 주어진 prompt에 대한 이미지를 생성합니다.

    Parameters:
    -----------
    prompt (str): 이미지 생성에 사용될 텍스트 prompt입니다.
    number_of_images (int): 생성할 이미지의 개수입니다. 기본값은 1입니다.

    Returns:
    --------
    completion: 생성된 이미지를 담은 openai.Image 객체입니다.
    """
    import os
    import openai
    openai.api_key = OPENAI_API_KEY

    completion = openai.Image.create(
      prompt=prompt,
      n=number_of_images,
      size="1024x1024"
    )

    return completion
```

```
[ ]
# GPT의 성격을 설정을 한다. GPT가 이 성격대로 동작 한다.
system = """
You are a AI Prompt master. You use AI Prompts to generate beautiful image. Your prompts ar
"""
# 성격이 설정 된 GPT에게 뭘 해야하는지를 요청 한다.
prompt = """
Design a minimalist, modern living room with soothing neutral tones, incorporating cozy tex
"""
```

```
[ ]
# GPT에가 프롬프트 생성 요청을 보낸다
completion = gpt(system, prompt)
gpt_response = completion.choices[0].message.content
```

```
[ ]
# DALL-E에게 GPT가 만든 프롬트로 이미지 생성 요청을 보낸다
dalle_response = dalle(gpt_response)

# DALL-E가 반는 이미지에 주소를 가져온다.
image_url = dalle_response["data"][0]["url"]
```

```
[ ]
from IPython.display import Image
# 마지막으로 생성 된 이미지를 표시 한다
Image(url=image_url)
```

❹ 가상 인테리어 디자인 컨설팅을 위한 최종 코드입니다. 이 코드에는 두 개의 함수, gpt()와 dalle()가 정의되어 있습니다. 먼저, 우리는 GPT에 프롬프트를 보내고, GPT는 DALL-E를 위한 프롬프트를 생성합니다. 그런 다음 이 프롬프트는 자동으로 DALL-E에게 전송되어 화면에 표시될 디자인을 생성합니다.

❺ OPEN_API_KEY 변수에 API 키를 꼭 설정해야 합니다.

❻ 이제 프로그램을 실행할 준비가 되었습니다. 'Runtime' ➡ 'Run all'을 클릭하세요.

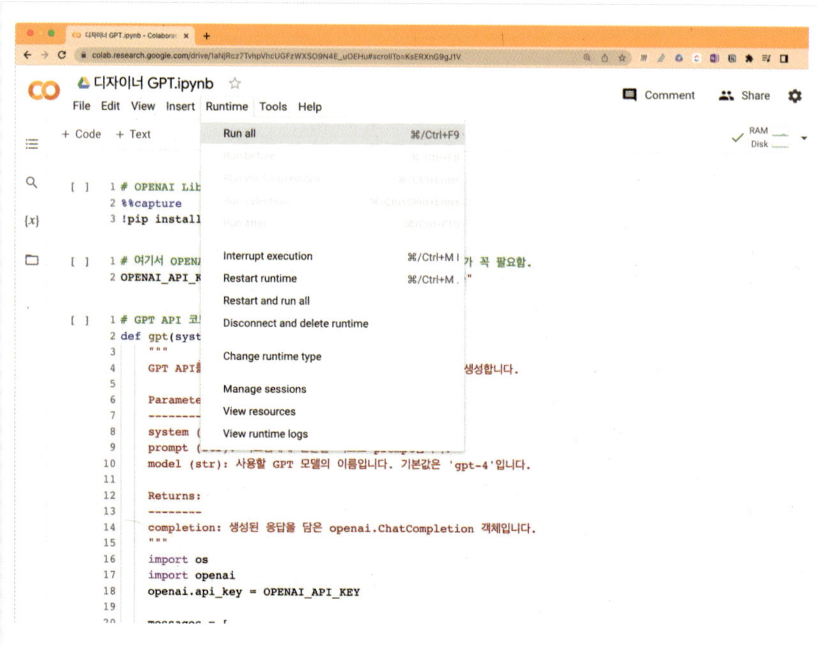

❼ 'RUN all'을 클릭한 후, 각 셀은 순서대로 실행되며 페이지 하단에 생성된 이미지가 표시됩니다.

Note: 실행 중에 오류가 발생하면, 'Runtime' ➡ 'Restart Runtime' 클릭한 다음에 다시 'Runtime' ➡ 'Run all'로 실행해 보세요.

❽ 최종 결과물입니다. 코드로 실행했을 경우에도 입력 값에 따라 새로운 프롬프트가 생성되고 그에 따른 새로운 결과물을 도출해 내게 됩니다.

디자이너 GPT.ipynb

File Edit View Insert Runtime Tools Help All changes saved

```
# GPT에게 프롬프트 생성 요청을 보낸다
completion = gpt(system, prompt)
gpt_response = completion.choices[0].message.content
```

```
# DALL-E에게 GPT가 만든 프롬트로 이미지 생성 요청을 보낸다
dalle_response = dalle(gpt_response)

# DALL-E가 만든 이미지에 주소를 가져온다.
image_url = dalle_response["data"][0]["url"]
```

```
from IPython.display import Image
# 마지막으로 생성 된 이미지를 표시 한다
Image(url=image_url)
```

이상으로 ChatGPT와 DALL-E 모델을 결합한 솔루션을 설계해 보았습니다. 이를 참고하여 더욱 다양하고 효율적인 비즈니스 솔루션을 만들어 볼 수 있을 것입니다.

9장

생성 AI의 미래는 어떻게 될까?

< 9장 >
생성 AI의 미래는 어떻게 될까?

9.1. AI 기술의 미래와 전망은?

혁신적인 연구, 혁신적인 응용 프로그램 및 컴퓨팅 능력의 발전으로 인해 생성 AI 분야는 빠르게 진화하고 있습니다. 생성 AI의 미래 기술은 그럼 어떻게 진화하게 될까요?

멀티모달 AI 모델

멀티모달(Multimodal) AI 모델은 텍스트, 이미지, 오디오 및 비디오와 같은 여러 양식에 걸쳐 콘텐츠를 이해하고 생성할 수 있게 합니다. 이러한 모델은 서로 다른 소스의 정보를 처리하고 이를 결합하여 새로운 콘텐츠를 생성함으로써 보다 풍부하고 상호 작용적인 애플리케이션의 가능성을 열어줄 수 있습니다. 연구자들이 다양한 미디어 유형에 걸쳐 콘텐츠를 원활하게 이해하고 생성할 수 있는 AI 시스템을 만들기 위해 노력함에 따라 멀티모달(Multimodal) AI 모델의 개발은 향후 몇 년 동안 계속 주요 초점이 될 것입니다.

인공지능이 만든 가상 세계

생성 AI 모델이 더욱 강력하고 정교해짐에 따라 사용자가 탐색하고 상호작용할 수 있는 몰입형 가상 세계를 만드는 데 점점 더 많이 사용될 것입니다. 이러한 인공지능 생성 환경은 게임, 교육, 훈련 및 치료를 포함한 다양한 응용 프로그램에 사용될 수 있습니다. 현실적이고 역동적이며 상호작용 적인 가상 세계의 창조는 미래의 인공지능의 중요한 발전 영역이 될 것입니다.

메타버스의 생성 AI

여러 디지털 환경을 통합하는 집합적인 가상 공유 공간인 메타버스는 기술 업계에서 주목받고 있는 새로운 개념입니다. 생성 AI 모델은 개인화된 경험, 동적 콘텐츠 및 몰입형 환경을 만들 수 있도록 메타버스 개발에 핵심적인 역할을 할 것입니다. 메타버스가 확장되고 주류가 됨에 따라 생성 AI는 진화를 형성하는 데 점점 더 중요해질 것입니다.

인공지능 지원하는 창의성

생성 AI 모델은 이미 인간의 창의성을 지원하고 증대하는 데 사용되고 있지만, 기술이 발전함에 따라 이 분야에서 훨씬 더 발전된 응용 프로그램을 보게 될 것입니다. AI 지원 창의성은 예술, 음악, 문학 및 디자인을 포함한 다양한 창의적 분야의 필수적인 부분이 될 것입니다. AI 모델은 영감을 제공하고, 새로운 아이디어를 생성하며, 창의적인 작품을 다듬는 데 도움을 주며, 실시간으로 인간과 협업할 수 있게 될 것입니다. 인공지능과 인간의 창의성 간의 이러한 협업은 다양한 산업에서 새로운 예술 스타일과 혁신적인 솔루션의 출현으로 이어질 것입니다.

인공지능 윤리 및 규정

생성 AI가 점점 더 널리 보급되고 강력해짐에 따라 이러한 기술의 윤리적 의미는 점점 더 중요해질 것입니다. 개인 정보 보호 및 오용과 같은 문제를 해결하는 데 더 많은 초점이 맞춰질 것입니다. 생성 AI 모델의 책임 있는 사용과 개발을 보장하기 위해 규제 프레임워크와 가이드라인이 개발되어 개인과 사회의 혁신과 보호 사이에서 균형을 맞추어야 할 것입니다.

AI 기술의 민주화: 사용자 정의가 가능하고 사용자 친화적인 AI 플랫폼

생성 AI가 계속 진화함에 따라, 전문 기술 전문 지식이 없는 개인이 이러한 모델에 더 쉽게 접근하고 사용하기 쉽게 될 것입니다. 사용자 정의 가능한 AI 플랫폼은 사용자가 AI 모델을 자신의 특정 요구에 맞게 맞춤화할 수 있도록 하여 보다 개인화된 상황 인식 애플리케이션과 서비스들이 출현하게 될 것입니다. 이를 AI 기술의 민주화라고 표현할 수 있을 것 같은데, 이러한 AI 기술의 민주화를 통해 더 많은 사람들이 생성 모델의 힘을 활용할 수 있도록 하여 더 광범위한 사용 사례를 만들 수 있게 되며 새로운 비즈니스 모델로 도약하게 될 것입니다.

에지(Edge) AI 및 실시간 생성 AI 애플리케이션

스마트폰, 웨어러블 및 IoT 장치와 에지(Edge)같은 장치에 생성 AI 모델을 통합하면 실시간 온 디바이스 AI 애플리케이션이 가능합니다. 이는 상황 인식 콘텐츠 생성과 개인화, 개인 정보 보호 및 보안 향상을 위한 새로운 가능성으로 이어질 수 있습니다. 에지(Edge) AI와 실시간 생성 애플리케이션은 AI 기술의 범위를 확장하고 더욱 오픈할 수 있게 될 것입니다.

10장

프롬프트! 프롬프트 엔지니어!에 대하여

< 10장 >

프롬프트! 프롬프트 엔지니어!에 대하여

10.1. 인공지능에서 프롬프트의 역할

ChatGPT, Midjourney, DALL-E 및 Stable Diffusion과 같은 생성 AI 모델의 성공을 이끄는 핵심 요소 중 하나는 프롬프트를 사용하여 새로운 콘텐츠 생성하는 것입니다. 프롬프트는 AI 모델에 대한 컨텍스트와 방향을 제공하는 텍스트 또는 시각적 입력으로, AI 모델이 더 정확하고 관련성 있는 콘텐츠를 생성하는 데 도움이 됩니다. 그럼 AI에서 프롬프트의 역할과 프롬프트 엔지니어는 어떤 일을 해야 할까요? 이를 통해 생성 AI의 미래에 대한 시사점을 살펴보도록 합시다.

생성 인공지능에서 프롬프트의 중요성

프롬프트 기반 생성 모델은 텍스트, 이미지 및 음악을 포함한 다양한 양식의 고품질 콘텐츠를 생성하는 데 인상적인 기능을 보여주었습니다. 프롬프트를 사용하면 AI 모델이 사용자의 요구와 선호도에 더 구체적인 콘텐츠를 생성하여 콘텐츠를 더 적절하고 유용하게 만들 수 있습니다. 또한 프롬프트는 원하는 결과물과 다른 방향을 제외하고 도출해 낼 수 있게 할 수도 있습니다.

인공지능에서 프롬프트의 한계

프롬프트는 AI 모델을 안내하는 데 유용한 도구이고 매우 필수적이지만, 프롬프트로 해결되지 않는 한계도 있습니다. 생성된 콘텐츠의 품질은 제공된 프롬프트의 품질과 특수성에 크게 좌우됩니다. 모호하거나 잘못된 단어의 프롬프트는 부정확하거나 관련이 없는 내용으로 이어질 수 있으며, 지나치게 구체적인 프롬프트는 생성된 콘텐츠의 다양성과 창의성을 제한할 수 있습니다. 또한 사람의 생각을 프롬프트로 완벽하게 나타내는 것이 쉽지 않은 일이기도 합니다.

프롬프트 기반 생성 모델의 발전

프롬프트 기반 생성 모델의 발전은 생성 AI의 미래를 주도할 것이라 생각됩니다. 현재 많은 연구자들이 자연어 처리를 사용하여 프롬프트를 정제하고 명확하게 하거나 텍스트와 시각적 입력을 결합한 멀티모달(Multimodal) 프롬프트를 통합하는 등 프롬프트의 품질을 향상시키기 위한 새로운 기술을 탐구하고 있는 중이며, 이러한 발전은 AI 모델이 더 다양하고 더 정확한 관련성을 가진 고품질의 콘텐츠를 생성할 수 있도록 하며, 이에 생성 AI 모델의 사용 사례 범위는 확대될 것이라 생각됩니다.

AI 윤리에서 프롬프트의 역할

AI와 윤리적 문제에 대해서 이슈가 되고 있습니다. 물론 AI로 윤리적 문제를 전적으로 해결할 수는 없지만 생성 AI에서 프롬프트를 사용하는 것이 AI 생성 콘텐츠와 관련된 윤리적 우려를 해결하는 데 중요한 역할을 할 수 있다고 생각합니다. 프롬프트 자체가 아이디어이며, 콘텐츠가 될 수 있기 때문에 윤리적으로 문제가 되지 않는 단어를 사용하도록 하는 검열된 프롬프트를 제공함으로써 개발자는 AI 모델이 책임감 있고 윤리적인 방식으로 사용되게 할 수 있습니다.

인공지능에서 프롬프트의 역할은 생성 AI 모델의 지속적인 개발을 위해서 매우 중요하다고 생각합니다. 기술이 발전함에 따라 생성 AI 모델의 기능을 확장하는 동시에 책임감 있고 윤리적인 사용을 보장하는 신속한 기반 기술의 발전이 될 수 있기를 기대합니다.

10.2. 프롬프트 엔지니어란?

요즘 들어 뉴스에서 대화만 해도 연봉 3억을 준다는 프롬프트 엔지니어! 생성 AI 모델에서 프롬프트의 중요성이 계속 증가함에 따라 프롬프트 엔지니어의 역할은 점점 더 중요해질 것입니다. 프롬프트 엔지니어는 AI 모델이 관련성 있고 정확하며 고품질의 콘텐츠를 생성하도록 안내하는 프롬프트를 설계, 개발 및 최적화하는 일을 하게 됩니다. 그럼 프롬프트 엔지니어는 어떤 일을 하게 되고 앞으로의 미래는 어떻게 될까요?

효과적인 프롬프트 설계

프롬프트 엔지니어는 AI 모델에 맥락과 방향을 제공하는 효과적인 프롬프트를 설계하는 데 중요한 역할을 하게 됩니다. 여기에는 사용자의 요구와 선호도를 이해하고 구체적이고 명확하며 간결한 프롬프트를 설계하는 작업을 선행적으로 하게 됩니다. 효과적인 프롬프트는 AI 모델이 집약적인 토픽에 맞지만 광범위한 콘텐츠를 생성할 수 있도록 고려해서 설계하여야 합니다.

신속한 최적화 기술 개발

프롬프트 최적화 기술은 프롬프트의 품질을 개선하는 데 사용되며, 이는 생성된 콘텐츠의 품질을 향상시키게 됩니다. 프롬프트 엔지니어는 자연어 처리, 자동화된 프롬프트 개선 및 신속한 평가 지표를 포함할 수 있는 이러한 기술을 개발하고 구현하는 책임을 지게 됩니다.

도메인 전문가와의 협업

특정 도메인에 대한 효과적인 프롬프트를 설계하려면 프롬프트 엔지니어가 해당 주제를 깊이 이해하고 있는 도메인 전문가와 협력해야 합니다. 프롬프트 엔지니어는 도메인 전문가와 협력하여 프롬프트가 사용자의 요구에 적합하고 정확하며 구체적인지 이해하고 설계하여야 합니다.

도메인 전문가는 도메인 영역의 전문적인 지식을 토대로 생성 AI 모델이 도출해 낼 수 있는 아웃풋을 예상하여 프롬프트를 작성해 볼 수 있을 것입니다. 따라서 고도의 프롬프트 생성을 위해서는 그 어느 누구보다도 도메인 전문가의 도움이 필요하며, 또한 도메인 전문가가 프롬프트 엔지니어의 역할을 가장 훌륭히 잘 수행할 수 있을 것이라 생각합니다.

프롬프트 엔지니어의 미래

생성 AI 분야가 계속 진화함에 따라, 프롬프트 엔지니어의 역할이 점점 더 중요해질 것입니다. 더욱 발전된 프롬프트 최적화 기술의 개발과 AI 모델의 다양한 산업으로의 통합으로 숙련된 프롬프트 엔지니어에 대한 수요는 계속 증가할 것입니다.

인공지능에서 프롬프트 엔지니어의 역할은 생성 인공지능 모델의 개발과 혁신적인 비즈니스 모델을 견인하는 데 매우 중요한 역할을 할 것이라 생각합니다.

11장

AI로 움직이는 세상에 대비하기

< 11장 >

AI로 움직이는 세상에 대비하기

11.1. AI와 사회 그리고 미래

생성 AI 모델이 계속 진화하고 발전함에 따라 사회와 경제에 미칠 잠재적 영향을 한번 고려해 볼 필요성이 있습니다.

노동력에 미치는 영향 해결

AI 모델이 더욱 발전함에 따라, AI는 인간의 노동력에 상당한 영향을 미칠 것이라는 두려움을 안겨주고 있기도 합니다. 현재 인간이 수행하는 많은 직업은 자동화될 수 있기 때문에 직업과 직업이 수행하는 작업의 이동과 재훈련 및 기술의 재 교육이 필요할 수 있을 것입니다. 정부, 기업 및 개인이 이러한 변화에 대비하고 그 영향을 완화하기 위한 제도적인 보안을 미리 고려해 보아야 할 것이라 생각합니다. 그러나 개인적 의견은 이미 펼쳐진 AI 시대를 적응할 수 있는 다양한 교육을 통해 AI를 잘 활용하는 사람들이 될 수 있게 하는 것이 제약하거나 제도적으로 속도를 늦추는 방법을 쓰는 것보다는 추후에 더 나은 결과를 가져다 줄 것이라 생각합니다.

인공지능의 윤리적이고 책임 있는 사용 보장

AI 모델이 더욱 강력해짐에 따라 오용 가능성이 증가할 수 있습니다. 개발자, 기업 및 정부는 AI 모델이 책임감 있고 윤리적인 방식으로 사용할 수 있도록 리드하는 역할을 잘 할 수 있었으면 좋겠습니다. AI는 분석과 분류작업을 탁월하게 할 수 있습니다. 이를 통해 개인적 편향, 개인 정보 보호 및 보안과 같은 문제가 더욱 이슈화될 수 있을 것으로 생각됩니다. 건전한 사용과 생각으로 초기 AI 시대를 인류가 잘 이끌어 나갔으면 하는 마음이 간절합니다.

교육 및 훈련에 투자

앞서 교육이 더 중요할 것이라고 예상한 것처럼 개인적인 생각으론 AI의 사용이 점점 더 널리 퍼짐에 따라, 개인이 AI 기반의 세계에서 성공하는 데 필요한 기술과 지식을 갖추도록 교육과 훈련에 적극적인 투자를 해야 할 것이라 생각합니다. 여기에는 AI 개발, 데이터 분석 및 다양한 산업에서의 AI 사용에 초점을 맞춘 솔루션 설계 방법들이 있을 수 있을 것입니다.

11.2. AI를 활용할 수 있는 영역

AI 모델이 계속 진화하고 더욱 강력해짐에 따라, 우리 사회에서 AI 모델의 역할이 점점 더 중요해지고 있습니다. 그러면, 어느 영역에서 AI를 활용할 수 있을까요?

의료

의료 분야에서는 AI 모델을 사용하여 진단, 치료 및 환자 결과를 개선할 수 있습니다. 예를 들어, 의료 영상을 분석하여 암과 같은 질병의 초기 징후를 감지하거나 환자 데이터를 기반으로 특정 건강 상태의 위험을 예측할 수 있습니다. 이러한 방식으로 AI 모델이 의료 분야에서 사용될 경우, 더욱 정확하고 효과적인 진료가 가능해지며, 환자의 삶의 질이 향상될 수 있습니다.

금융

금융 분야에서는 AI 모델을 사용하여 부정 행위를 탐지하고, 위험을 관리하고, 프로세스를 자동화하는 데 사용할 수 있습니다. 금융 데이터를 분석하여 부정 행위를 나타낼 수 있는 이상 징후나 패턴을 탐지하고, 이를 예방하거나 처리함으로써 금융 분야의 안전성과 신뢰성을 높일 수 있습니다.

오락

오락 분야에서는 AI 모델이 사용자 데이터를 분석하여 개인 맞춤형 설정으로 새로운 경험을 창출할 수 있습니다. 예를 들어, AI 모델은 사용자 개인의 선호도에 따라 영화, TV 쇼 또는 음악을 추천할 수 있으며, 이를 통해 개인에게 맞춤형한 오락 경험을 제공할 수 있습니다.

교육

AI는 개인 맞춤형 학습을 설계하여 학생 개개인의 능력에 맞는 교육 커리큘럼과 교육 내용을 제공할 수 있을 것입니다. 예를 들어, AI 모델은 학생 데이터를 분석하여 약점 또는 강점 영역을 식별하고 추가 학습을 위한 개인화된 학습 내용과 권장하는 분야를 더욱 효율적으로 탐색하고 학습할 수 있게 될 것입니다.

제조업

AI는 제조업에서 생산성과 효율성을 높이는 데 사용될 수 있습니다. AI 모델은 머신 러닝 기술을 활용하여 제조 공정의 데이터를 수집하고 분석하여 제조업에서 발생하는 이상 징후를 탐지하고 예방하는 데 도움을 줄 수 있습니다. 또한 AI 모델은 인간의 실수를 감소시키기 위한 자동화 작업을 수행하여 제조 업무의 안전성과 정확성을 높일 수 있습니다.

자율주행

AI 모델은 자율주행 차량에 사용되어 차량의 운전 및 안전성을 개선할 수 있습니다. AI 모델은 센서 데이터를 수집하고 분석하여 도로 상황을 파악하고 차량의 조향, 가속 및 제동 제어를 수행하는 데 사용될 수 있습니다.

디자인

디자인 영역은 고도의 창의성과 전문성이 요구되는 영역입니다. 따라서 생성 AI 등장과 함께 디자인 영역의 창의성과 전문성에 타격을 입었을 거라 예상하는 의견들이 많습니다. 그러나 디자인은 공감적 사고로 인간의 불편한 점을 시각적, 공간적으로 그리고 제품과 환경 등으로 전문적인 설계와 사고를 바탕으로 해결해 오고 있는 만큼, 생성 AI를 통해 보다 더 전문화되고 다양한 해결 방안을 모색할 수 있을 것으로 기대합니다. 인간이 존재하는 한 인간의 삶과 함께하는 모든 디자인적 요소는 지속될 것이기 때문입니다. 그뿐만 아니라 메타버스, 자율주행, 오락 등 모든 시각적 표현은 디자이너의 역할이 필요할 것이며, 생성 AI 모델은 협력적 요소로 사용될 수 있을 것입니다.

미래에 대한 시사점

인공지능이 다양한 산업에 적용되면서, AI 모델이 보다 다양한 응용 분야에서 개발되고 적용될 가능성이 높아지고 있습니다. 이는 사회 전반에 막대한 영향을 미칠 것으로 예상됩니다. 예를 들어, 운송 분야에서는 자율 주행차와 같은 기술이 더욱 발전하여 도시 교통 혁신을 가져올 것이며, 의료 분야에서는 AI가 진단과 치료에 활용되어 더욱 정확하고 효율적인 의료 서비스를 제공할 수 있게 될 것입니다. 또한, 제조업에서는 생산성을 높일 수 있는 자동화 기술을 적용할 수 있게 되며, 에너지 분야에서는 지능형 그리드 기술이 발전하여 더욱 효율적인 에너지 관리가 가능해질 것입니다.

하지만 이러한 변화와 함께 일자리, 개인 정보 보호 및 보안 등의 문제도 불가피하게 발생할 것입니다. 따라서, 적극적으로 대처할 필요가 있습니다. 예를 들어, 일자리 문제를 해결하기 위해서는 새로운 직업교육 체계와 취업지원제도 등을 구축하고, 개인 정보 보호 및 보안 문제를 해결하기 위해서는 엄격한 규제와 보안 기술 개발 등이 필요할 것입니다.

이제 새롭고 광활하게 펼쳐진 AI 시대에서 이러한 문제를 극복하고 AI의 잠재력을 최대한 활용하기 위해서는 모두가 함께 노력해야 합니다. 새로운 비즈니스 모델과 사회 문화적인 접근 등을 통해 인간 중심적인 AI 개발이 이루어져야 하며, 기업과 정부의 적극적인 지원이 필요합니다. 또한, AI의 발전과 함께 더욱 중요한 것은 인간과 AI의 상호작용을 위한 인터페이스 개발과 인간의 민감성과 윤리적 책임을 고려한 개발이 필요합니다.

AI의 발전은 우리 사회를 크게 변화시킬 것이며, 이러한 변화와 함께 발생하는 문제를 해결하기 위해 우리는 적극적으로 대처하고, AI의 잠재력을 최대한 활용할 수 있도록 노력해야 할 것입니다.

프롬프트 모델별 비교

프롬프트 모델별 비교는 같은 프롬프트를 작성했을 경우 이미지 생성 AI의 결과값을 확인해 보기 위해 테스트해 본 것입니다.

프롬프트는 모호한 프롬프트부터 구체적인 프롬프트까지 랜덤으로 테스트해 보았으며, 어떤 생성 AI 더 좋고 나쁘다를 알려 드리려는 목적이 아님을 이해해 주시기 바랍니다.

각 이미지 생성 AI마다 스타일과 장·단점이 있으므로, 참고하여 더 나은 프롬프트를 만들고 더 목적에 맞는 이미지 생성 AI를 찾는 데 도움이 되시길 바랍니다.

프롬프트 모델별 비교

프롬프트 & 결과물

☞ 긍정적이고 협력적인 에너지

The positive and collaborative energy

- **DALL-E**

Midjourney

Stable Diffusion

프롬프트 & 결과물

☞ 구름에 떠있는 사과 모양의 의자

An apple-shaped chair floating in the clouds

- **DALL-E**

- **Midjourney**

- **Stable Diffusion**

프롬프트 & 결과물

☞ 큰 사이즈의 하트 모양의 볼드한 목걸이

a large, heart-shaped, bold necklace

- **DALL-E**

Midjourney

Stable Diffusion

프롬프트 & 결과물

☞ 30세의 한국 여성 초상화, 매우 아름답고 우아하며 지적인 모습을 하고 있다. 단발머리이며, 정장을 입고 있는 모습이다. 초상세, 초디테일, 극사실주의, 사진과 같이 표현

A 30-year-old portrait of a Korean woman is very beautiful, elegant, and intelligent. He has short hair and is wearing a suit. Portrait tax, hyper-detail, hyperrealism, and photography

- **DALL-E**

• **Midjourney**

• **Stable Diffusion**

프롬프트 & 결과물

☞ Lucky 글자를 이용한 로고 디자인

Logo design using Lucky letters

- **DALL-E**

- **Midjourney**

- **Stable Diffusion**

프롬프트 & 결과물

☞ Lucky 글자를 이용한 로고 디자인, 흰 배경에 보라색, 깔끔하고 모던한 디자인

Lucky logo design, purple on white background, clean and modern design

- **DALL-E**

- **Midjourney**

- **Stable Diffusion**

프롬프트 & 결과물

☞ 고양이가 와인병 옆에 서 있습니다. 그 고양이는 회색이고 솜털을 가지고 있습니다. 동물. 디지털 아트. 렌더.

A cat is standing next to a bottle of wine. The cat is grey and has fluffy fur. animal. digital art. render.

- **DALL-E**

- **Midjourney**

- **Stable Diffusion**

드레스 디자인

프롬프트 & 결과물

☞ 정장 드레스, 공식 행사용, 드레스는 풀 슬리브 오프 숄더 스윗하트 네크라인, A라인 실루엣, 스윕 트레인으로 흐르며 몸매를 돋보이게 해줍니다. 무도회에 완벽한 드레스

This formal dress, for formal occasions, dress features a full sleeve off shoulder sweetheart neckline, an A-line silhouette and a sweep train to flatter your figure. The perfect dress for prom

- **DALL-E**

윗부분 자른 이미지 아닙니다. 이렇게 출력된 결과물입니다.

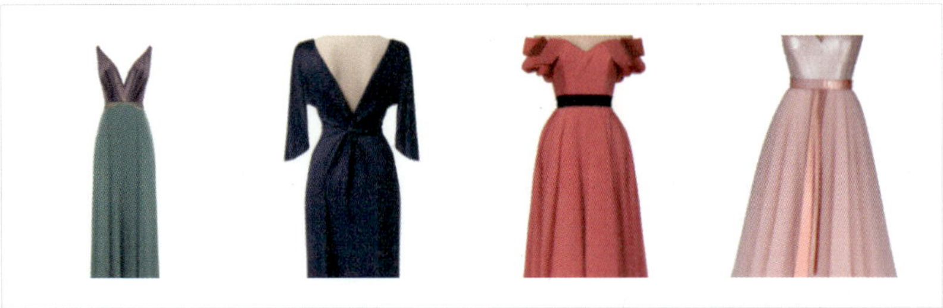

Midjourney

Stable Diffusion

프롬프트 & 결과물

☞ 디지털 생성 디자인 꽃 / 디지털 디자인으로 생성된 꽃

Flower in digital generative design

- **DALL-E**

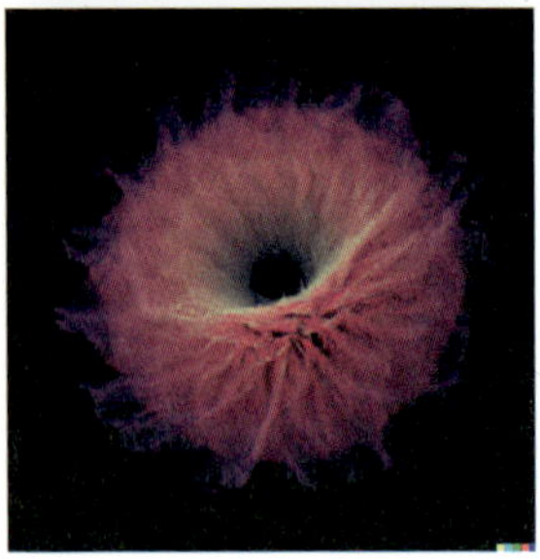

Midjourney

Stable Diffusion

프롬프트 & 결과물

☞ 일곱 개의 체스 말은 원 안에 있고 그 그림자는 모두 왕관 모양입니다. 그림자는 하나의 큰 왕관 모양을 보여야 합니다.

Seven chess pieces are in a circle, and their shadows altogether are shaped like crowns. shadow must show the one big crown shape

- **DALL-E**

- **Midjourney**

- **Stable Diffusion**

프롬프트 & 결과물

☞ 건축 다리, 긍정적이고 협력적인 에너지

architectural bridge, positive and collaborative energy

- **DALL-E**

Midjourney

Stable Diffusion

용어 설명

01. 마르코프 모델(Hidden Markov Models)

시간에 따라 변화하는 시스템을 예측하는 확률 기반 모델입니다. 숨겨진 상태들과 관측치를 포함하여, 시간의 순서에 따라 각 단계에서의 상태가 관측치를 생성합니다. 이 모델은 언어 모델링, 음성 인식 등의 분야에서 사용되곤 합니다.

02. 베이지안 네트워크(Bayesian Networks)

확률 변수들 간의 의존 관계를 나타내는 그래프 모델입니다. 변수들 사이의 조건부 확률을 통해 표현되는 관계를 통해, 데이터의 구조와 인과 관계를 추론할 수 있습니다.

03. 사이클 GAN(CycleGAN, Cycle-Consistent Adversarial Networks)

두 이미지 도메인 간에 상호 변환을 수행하는 생성적 적대 신경망(GAN) 기반 모델입니다. 서로 다른 스타일의 이미지를 상호 변환할 수 있으며, 짝이 맞지 않은 이미지 데이터셋에서도 학습이 가능합니다.

04. 어텐션 GAN(AttentionGAN)

어텐션 메커니즘을 사용한 GAN입니다. 어텐션 메커니즘은 생성과 판별 과정에서 이미지의 다양한 영역에 주목할 수 있게 해 주며, 결과적으로 이미지의 디테일과 품질이 개선됩니다.

05. 트랜스포머(Transformer) 모델

기존의 순환 신경망(RNN)이나 컨볼루션 신경망(CNN) 대신, 자기 어텐션(self-attention) 메커니즘을 사용하여 병렬 처리를 가능하게 하는 인공신경망입니다. 이 모델은 자연어 처리 분야에서 획기적인 성과를 이끌어냈습니다. RNN과 CNN은 순차적으로 단어를 처리하는 데 시간이 오래 걸리는 단점이 있습니다. 이를 개선하기 위해 자기 어텐션(self-attention) 메커니즘을 사용한 트랜스포머 모델이 만들어졌습니다. 이 모델은 여러 단어를 동시에 빠르게 처리할 수 있어, 자연어 처리 분야에서 더 좋은 성능을 보여줍니다.

06. 자연어 처리(natural language processing, NLP)

컴퓨터가 인간의 언어를 이해하고 처리하는 기술로, 텍스트 분석, 기계 번역, 감성 분석 등에 사용됩니다.

07. 비지도 학습(unsupervised learning)

레이블이 없는 데이터를 사용하여 모델을 학습하는 방식입니다. 데이터의 구조와 패턴을 찾아내거나, 데이터를 클러스터링하는 데 사용됩니다. 데이터에 정답이 없는 상태에서 컴퓨터가 스스로 패턴이나 규칙을 찾아내는 학습 방법입니다. 예를 들어, 비슷한 사진끼리 묶어주는 것처럼, 컴퓨터는 스스로 데이터를 분류하거나 이해하는 데 도움이 되는 정보를 찾아냅니다.

08. 매개변수

머신러닝 모델에서 컴퓨터가 스스로 학습하는 값들로, 이 값들이 모델의 예측력과 성능에 큰 영향을 미칩니다. 컴퓨터는 학습 과정에서 이 매개 변수들을 조절하며 최적의 성능을 찾아냅니다.

09. 트랜스포머(Transformer) 아키텍처

이 구조는 문장이나 이미지와 같은 정보를 처리하는 데 사용되며, 인코더와 디코더 두 부분으로 나눠져 있습니다. 인코더는 입력된 정보를 분석하고, 디코더는 분석된 정보를 바탕으로 새로운 결과를 만들어냅니다. 이 아키텍처는 자연어 처리와 이미지 생성 등 다양한 분야에서 높은 성능을 발휘합니다.

10. 순환 신경망(RNN)

일련의 데이터를 처리하는 인공신경망으로, 이전 데이터의 정보를 기억해 새로운 데이터와 연관시켜 처리할 수 있습니다. 이를 통해 문장이나 음성처럼 순서가 있는 데이터를 분석하는 데 활용되며, 언어 번역이나 음성 인식 같은 작업에서 사용됩니다.

11. 컨볼루션 신경망(Convolutional Neural Networks, CNN, 합성곱 신경망)

이미지 인식, 비디오 처리 등 시각적 데이터에 탁월한 성능을 보이는 인공신경망입니다. CNN은 작은 필터를 이미지 위에서 움직여서 이미지의 구성 요소와 패턴을 인식하고 분석합니다. 이 과정을 통해 사물 인식이나 얼굴 인식 같은 작업을 수행할 수 있습니다.

12. 셀프 어텐션 메커니즘(Self-Attention Mechanism)

입력 데이터의 다른 부분에 가중치를 부여하여 특정 부분에 집중할 수 있게 해 주는 메커니즘입니다. 트랜스포머 모델에서 핵심적인 역할을 합니다.

13. 토큰화

텍스트 데이터를 처리하기 쉬운 형태로 나누는 도구로, 문장을 단어나 구문 단위로 분할합니다.

14. 인코딩

데이터를 모델이 이해할 수 있는 형태로 변환하는 과정입니다. 예를 들어, 텍스트 데이터를 숫자 벡터로 변환하는 것이 포함됩니다.

15. 디코딩

모델의 출력을 원래 데이터 형식으로 변환하는 과정입니다. 예를 들어, 숫자 벡터를 다시 텍스트로 변환하는 것이 포함됩니다.

16. 온도 및 top-k 샘플링

생성 모델에서 아이디어를 더 다양하게 만들거나 더 예측 가능하게 하기 위한 방법입니다. 모델은 가능한 결과들 중 확률이 높은 k개를 고르고, 그 중에서 무작위로 하나를 선택합니다. 이 방법을 사용하면 모델이 더 다양한 결과를 만들 수 있게 됩니다.

17. GAN 아키텍처

GAN은 Generative Adversarial Networks의 약어로, 생성적 적

대 신경망이라고도 불립니다. GAN은 딥 러닝 알고리즘의 일종으로, 생성자(generator)와 판별자(discriminator) 두 개의 신경망을 경쟁시켜 가짜 데이터를 만들어 내는 것을 목표로 합니다. 생성자는 실제와 같은 데이터를 생성하도록 학습하고, 판별자는 생성된 데이터와 실제 데이터를 구별하도록 학습합니다. 이러한 경쟁을 통해 생성자는 더욱 실제와 유사한 데이터를 생성하게 되며, 이를 통해 이미지, 음악 등 다양한 분야에서 창의적인 활용을 가능하게 합니다.

18. 생성기 네트워크

GAN에서 가짜 데이터를 생성하는 역할을 하는 신경망입니다.

19. 판별기 네트워크

GAN에서 진짜와 가짜 데이터를 구별하는 역할을 하는 신경망입니다.

20. 점진적 성장(Progressive Growing)

GAN 학습에 사용되는 기법으로, 저해상도에서 고해상도로 점차 이미지 크기를 늘려나가면서 학습을 진행합니다. 이를 통해 학습 속도를 높이고, 고화질 이미지 생성이 가능합니다.

21. 잠재 확산 모델(Latent Diffusion Model)

데이터를 만들어 내는 과정을 간단한 단계들로 나누어 모델링하는 방법입니다. 이 모델은 먼저 숨겨진 변수(잠재 변수)를 만들고, 그 변수를 사용하여 실제 데이터와 비슷한 결과를 생성합니다. 이 과정은 마치 자연 현상이나 시스템이 시간에 따라 변화하는 것처럼 모델링

되어, 각 단계에서 어떤 패턴이나 구조가 나타납니다. 이런 방식으로, 모델은 복잡한 데이터를 이해하고 새로운 예제를 만들어 낼 수 있습니다.

22. **변이형 오토인코더(VAE, Variational Autoencoder)**

비지도 학습 방식의 생성 모델로, 인코더와 디코더로 구성되어 있습니다. 인코더는 입력 데이터를 잠재 공간에 매핑하고, 디코더는 잠재 공간에서 다시 원래 데이터로 복원합니다. VAE는 데이터의 구조와 분포를 학습하며, 새로운 데이터를 생성할 수 있습니다.

23. **VRAM**

비디오 RAM의 약자로, 컴퓨터 그래픽스 처리에 사용되는 메모리입니다. VRAM은 GPU와 함께 딥 러닝 모델 학습에서 중요한 역할을 담당하며, 모델의 크기와 복잡도에 따라 필요한 VRAM 용량이 달라집니다.

24. **디퓨전 프로세스와 노이스 주입**

생성 모델에서 사용되는 방법으로, 디퓨전 프로세스는 잠재 확률 분포로부터 데이터를 생성하는 과정을 모델링합니다. 노이즈 주입은 생성 과정 중에 무작위성을 추가하여 다양한 결과를 얻게 합니다. 이 기법들은 이미지 생성, 텍스트 생성 등 다양한 분야에서 사용됩니다.

참고 문헌

"Generative Adversarial Networks" (2014) by Ian Goodfellow et al. This is the original paper that introduced the concept of GANs, which are a type of generative model that uses a generator network and a discriminator network to produce new data.

"Unsupervised Representation Learning with Deep Convolutional Generative Adversarial Networks" (2016) by Alec Radford et al. This paper introduced DCGANs, which are a type of GAN that uses deep convolutional networks for image synthesis.

"Variational Autoencoder for Deep Learning of Images, Labels and Captions" (2016) by Yunchen Pu et al. This paper introduces variational autoencoders(VAEs), which are another type of generative model that can be used for image generation.

"The Building Blocks of Interpretability" (2018) by Chris Olah et al. This blog post provides a comprehensive overview of generative models and their applications, including GANs and VAEs.

"Generative Models: An Overview" (2019) by Samira Ebrahimi Kahou et al. This survey paper provides a comprehensive overview of generative models and their applications, including deep generative models and their training techniques.

"Generative Deep Learning" (2019) by David Foster. This book provides a comprehensive overview of generative models and their applications, including GANs and VAEs, as well as practical tips for implementing these models.

"GPT-3: Language Models are Few-Shot Learners" by OpenAI (https://arxiv.org/abs/2005.14165)

"Better Language Models and Their Implications" by OpenAI (https://openai.com/blog/better-language-models/)

"GPT-3: An AI Breakthrough, but not Coming to a Business Near You - Yet" by Forbes (https://www.forbes.com/sites/bernardmarr/2020/06/15/gpt-3-an-ai-breakthrough-but-not-coming-to-a-business-near-you--yet/?sh=3b8e28282894)

"GPT-3: Chatting with a machine learning model" by The Verge (https://www.theverge.com/21231484/gpt-3-explainer-openai-examples-language-model-nlp)

"How GPT-3 Is Shaping Our AI Future" by Harvard Business Review (https://hbr.org/2020/08/how-gpt-3-is-shaping-our-ai-future)

"DALL-E: Creating Images from Text" (blog post by OpenAI): https://openai.com/blog/dall-e/

"DALL-E 2: The Double Trouble" (blog post by OpenAI): https://openai.com/blog/dall-e-2-double-trouble/

"DALL-E 3: Imagining Different Futures" (blog post by OpenAI): https://openai.com/blog/dall-e-3/

"DALL-E Explained: What is OpenAI's Latest AI Model?" (article by Synced): https://syncedreview.com/2021/02/06/dall-e-explained-what-is-openais-latest-ai-model/

"DALL-E: Creating Images from Text Using a Non-Deterministic Encoder-Decoder Style Generative Model" (research paper by OpenAI): https://arxiv.org/abs/2102.12092

Feng, Z., Qin, J., Wu, Q., & Xu, X. (2021). MidJourney: A Multi-stage Feature Selection Framework for High-dimensional Data Classification. IEEE Transactions on Neural Networks and Learning Systems, 32(8), 3454-3464.

Li, J., Lu, Y., Zhang, H., & Liu, X. (2021). MidJourney: A Multi-Stage Framework for Image Super-Resolution with Deep Feature Fusion. IEEE Transactions on Multimedia, 23, 4493-4506.

Xu, W., Yin, Y., Tang, H., Zhang, J., & Luo, J. (2020). MidJourney: Multi-Stage Temporal Attention Network for Video Question Answering. arXiv preprint arXiv:2002.11418.

Zhang, Y., Liu, Q., Chen, Y., Sun, H., Li, M., Li, C., & Li, B. (2022). MidJourney: A Robust and Accurate Image Matching Framework for Cross-View Geo-Localization. IEEE Transactions on Image Processing, 31, 1049-1062.

Lin, Y., Li, J., Zhang, L., Zhu, Y., & Fang, Y. (2021). MidJourney: Multi-step Data Augmentation for Cross-domain Fashion Retrieval. arXiv preprint arXiv:2111.00952.

"Stabilizing Diffusion-Based Generative Models with Applications to

Image Classification" by Hossein Mobahi, Mohammad Norouzi, Samy Bengio, and Alex Wiltschko. Link: https://arxiv.org/abs/2002.04017

Zhu, J. Y., Park, T., Isola, P., & Efros, A. A. (2017). Unpaired image-to-image translation using cycle-consistent adversarial networks. In Proceedings of the IEEE international conference on computer vision (pp. 2223-2232).

Mckinsey, 2023년 1월 30일 접속
https://www.mckinsey.com/featured-insights/mckinsey-explainers/what-is-generative-ai

techtarget, 2023년 2월 접속
https://www.techtarget.com/searchenterpriseai/definition/generative-AI

Gartner
https://www.gartner.com/en/topics/artificial-intelligence

What's New in Artificial Intelligence from the 2022 Gartner Hype Cycle
https://www.gartner.com/en/articles/what-s-new-in-artificial-intelligence-from-the-2022-gartner-hype-cycle

Why is ChatGPT Making Waves in the AI Market?
https://www.gartner.com/en/newsroom/press-releases/2022-12-08-why-is-chatgpt-making-waves-in-the-ai-market

Reinforce Your Artificial Intelligence(AI) Ecosystem
https://www.gartner.com/en/information-technology/insights/artificial-intelligence

https://www.linkedin.com/pulse/unveiling-unique-capabilities-midjourneys-machine-learning-croft/?trk=pulse-article_more-articles_related-content-card

https://github.com/CompVis/stable-diffusion

https://ko.wikipedia.org/wiki/ChatGPT
https://ko.wikipedia.org/wiki/DALL-E
https://en.wikipedia.org/wiki/Midjourney
https://en.wikipedia.org/wiki/Stable_Diffusion

ChatGPT : https://chat.openai.com/
DALL-E : https://labs.openai.com/
Midjourney: https://www.midjourney.com/
Stable Diffusion : https://stablediffusionweb.com/#demo

마스터 생성 AI

2023년 4월 20일 발행

저　자 / 이지원
발행인 / 이무형
발행처 / 태학원

신고번호 / 제 406-2014-000130호
주소 / 경기도 파주시 파주읍 성현로 34
전화 / 031-941-4136
팩스 / 031-624-4139

가격 / 15,000원

ISBN　978-89-92832-13-7 13560